紫色土区典型水土保持措施的适宜性评价与优化配置

代富强　刘刚才　陆传豪　著

国家自然科学基金项目（41301351）、重庆市基础研究与前沿探索项目（cstc2018jcyjAX0497）和重庆市教育委员会科学技术研究项目（KJ1600611）联合资助

科学出版社

北京

内容简介

本书主要针对紫色土区的土壤侵蚀形成机制，阐述紫色土区土壤理化性质的空间变异特征，以及土壤侵蚀的空间分布规律和影响因素；重点针对紫色土区的梯田、等高耕作、退耕还林、退耕还草4种典型水土保持措施，从“求–供”和“产–望”两个角度建立水土保持措施适宜性评价指标体系与评价方法，分别从“点”尺度进行不同水土保持措施适宜性的比较评价和从“面”尺度进行小流域水土保持措施适宜性的空间评价，指出目前紫色土区比较适宜的水土保持措施及其适宜区域；建立数量结构优化和空间优化配置相结合的小流域水土保持措施优化配置方法，并在小流域进行实证研究，提出该区域水土保持措施的最优空间配置模式。

本书可供土壤学、水土保持学、生态学、环境科学等领域的科技工作者和高校学生，以及水土保持与生态建设、农业生产、环境保护等领域的管理人员参考。

图书在版编目(CIP)数据

紫色土区典型水土保持措施的适宜性评价与优化配置/代富强，刘刚才，陆传豪著. —北京：科学出版社，2019.9

ISBN 978-7-03-062248-8

I. ①紫… II. ①代… ②刘… ③陆… III. ①紫色土–水土保持–研究 IV. ①S157.1

中国版本图书馆 CIP 数据核字（2019）第 199106 号

责任编辑：杨光华/责任校对：刘　畅

责任印制：彭　超/封面设计：苏　波

科学出版社 出版

北京东黄城根北街 16 号

邮政编码：100717

http://www.sciencep.com

武汉市首壹印务有限公司印刷

科学出版社发行　各地新华书店经销

*

2019 年 9 月第 一 版　开本：787×1092 1/16

2019 年 9 月第一次印刷　印张：9 1/4

字数：219 000

定价：88.00 元

（如有印装质量问题，我社负责调换）

前　言

紫色土是由紫色岩类风化而形成的一种无发育或只具雏形发育的土壤，它的形成、发育、演变与分布主要受自然地理要素的控制，其中母岩物质起决定性作用。随着紫色土的农业开发和利用强度不断增强，人文地理要素对紫色土的影响逐渐增大。紫色土区水热条件丰富、植被类型多样，同时紫色土一般具有成土作用迅速、矿物组成复杂、矿质养分含量丰富、质地偏壤性、耕性和土壤生产性好、自然肥力高等特点，紫色土壤宜种农作物多、出产丰富。因此，紫色土是我国长江流域及其以南地区的重要土壤资源之一，关系该地区的农业经济增长、农民生活水平提高和农村可持续发展。

我国是世界上紫色土分布最广的国家，其范围北起秦岭，西至横断山系，东抵东海之滨，南达海南，南北跨纬度近16°，东西跨经度近20°。根据全国第二次土壤普查和《中国紫色土》的数据资料，我国紫色土面积共 21.99×10^4 km^2，主要分布于四川、云南、贵州、广西、广东、湖南、湖北、江西、江苏、浙江、福建诸省区，在西部地区又以四川、重庆、云南最集中，中部地区以湖南分布较为广泛，东部地区分布均较少。紫色土区是我国水土流失最严重的区域之一，其侵蚀面积之广和侵蚀强度之大，仅次于我国西北黄土高原。

土壤侵蚀是制约紫色土区人类生存和区域可持续发展的重大环境问题，是该区各种生态问题的集中反映，对粮食和生态安全造成严重威胁。经过长期的研究和实践，形成了以梯田、等高耕作、退耕还林、退耕还草为主的水土保持措施。但是，在水土保持措施的实施过程中，存在措施实施限制条件多、配置不合理、措施的效益不能达到期望和标准等问题，也就是水土保持措施的适宜性问题。现有的研究成果主要是通过水土保持措施效益评价，分析水土保持措施的采纳程度及其保存率，以及小流域水土保持措施优化配置来间接地探讨水土保持措施的适宜性问题。但是，如何进行水土保持措施的适宜性评价，这方面的研究很少。国内水土保持措施适宜性评价主要还是单个因素（如坡度）的适宜性分析，以及措施间的水土保持效益比较，而国外的研究主要针对保护性耕作。因此，目前国内外都还缺乏系统的水土保持措施适宜性评价理论与方法研究。

水土保持措施适宜性评价是水土保持基础理论研究的重要内容之一，也是小流域水土保持措施优化配置的基础，为水土保持规划和土地利用规划提供科学依据，对确保区域生态安全和促进社会经济发展具有重要的现实意义。与水土流失治理成就相比，水土保持措施适宜性理论研究明显滞后，一些重要科学问题尚未解决：针对不同地区、不同类型的水土保持措施，应该从哪些方面进行评价，即评价指标该有哪些？不同水土保持措施在同一区域的适宜性如何进行比较评价，同一措施的适宜性在空间上的差异如何进行评价，即评价方法有哪些？什么样的小流域水土保持措施综合治理模式才是优化配置模式，应该怎么进行优化配置，即优化配置方法有哪些？因此，本书从三方面展开研究：一是从“求–供”和“产–望”两个角度探讨水土保持措施适宜性评价指标体系与评价方法，提出一种全新的思想和方法，既考虑评价对象的时间与空间因素（“求–供”），同时也考虑措施实施者的主观因素与措施产出的客观因素（“产–望”）；二是探讨结合水土保持措施数量结构优化和空间优化配置的小流域水土保持措施优化配置方法，实现线性规划、多目标决策与地理信息系统的有效耦合；三是从“点”和“面”两个空间尺度评价紫色土丘陵区典型水土保持措施的适宜性，实现评价指标体系与评价方法从小尺度应用向更大空间尺度应用的扩展，具有一定的系统性，更有利于本书研究成果在水土保持实际工作中的应用。

本书采用理论和实证相结合的研究框架：第1章对国内外水土保持措施、水土保持措施适宜性与优化配置的相关理论进行梳理和评述，提出本书的主要内容和研究框架；第2章分析紫色土区土壤性质的空间变异及其影响因素，总结常用的土壤性质空间插值方法，基于小流域尺度，进行紫色土区土壤性质的空间分布预测；第3章分析紫色土区土壤侵蚀类型、土壤侵蚀强度及其影响因素，选择典型小流域进行土壤侵蚀空间预测和土壤保持服务功能评价；第4章阐述水土保持措施适宜性评价的基本内涵，提出水土保持措施适宜性评价指标体系和评价方法；第5章在“点”尺度对紫色土区典型水土保持措施适宜性进行比较评价，并进行结果验证；第6章在“面”尺度对紫色土区典型水土保持措施适宜性进行空间评价，分析其空间分布特征；第7章结合水土保持措施数量结构优化和空间优化配置开展紫色土区小流域水土保持措施优化配置。

本书主要是笔者已有研究工作的总结，相关的科学问题并没有完全解决，还存在评价指标体系与评价方法的验证和推广不够、水土保持措施适宜性缺少动态评价等不足之处，相关的研究仍在深度和广度上继续开展。同时，由于成书时间仓促，难免有疏漏之处，敬请读者批评指正。

代富强

2019年4月8日于重庆学府苑

目　　录

第1章　绪　　论

1.1　紫色土的分布及特征

1.1.1　紫色土的区域分布

紫色土是由紫色岩类风化而形成的一种无发育或只具雏形发育的土壤（唐时嘉 等，1996），于1941年命名，属于A-C型初育土，是我国长江流域及其以南地区的一类特殊而重要的土壤资源。在热带和亚热带湿热同步的气候条件下，结构疏松、钙质丰富的紫色母岩经过快速的物理崩解，盐基物质轻度淋失和快速补充同步，起伏易侵蚀的地形和集约耕作相结合，延缓了黄壤的发育，而促进了初育土的形成（李仲明 等，1991）。

我国是世界上紫色土分布最广的国家（全国土壤普查办公室，1998）。根据全国第二次土壤普查和《中国紫色土》的数据资料，我国紫色土面积共21.99×10^4 km^2，统计面积主要为耕地，其中旱地 18.89×10^4 km^2，水田 3.10×10^4 km^2。下面从地质、地形地貌、地区、类型等方面说明我国紫色土的分布情况。

（1）地质分布。我国紫色土主要分布在南方的大小盆地及其边缘山地，这些盆地沉积有大面积的侏罗系、白垩系、古近系和新近系的紫色砂泥（页）岩，其中四川盆地呈大规模的集中分布。紫色土的性质与紫色岩有密切关系，紫色土的颜色、理化性状、矿物组成都不同程度地继承了紫色岩的特性。

（2）地形地貌分布。我国紫色土主要分布在丘陵和低山地区。垂直分布从海拔几十米至 3 000 m。云贵高原和四川西南山地的紫色土分布的海拔上限为 2 800 m，向东南逐渐降低；四川盆地及其边缘山地的紫色土分布的海拔上限为 1 500 m；我国东南大小盆地的紫色土分布的海拔多在 300 m 以下。

（3）地区分布。我国紫色土主要分布在 16 个省（直辖市、自治区），由西至东紫色土分布面积逐渐减少。其中，西部地区分布最广，占全国紫色土总面积的 84.00%；其次为中部地区，面积占比为 12.10%；东部地区最少，仅为 3.90%。如图 1.1 所示，在西部地区以四川、重庆、云南最集中，中部地区以湖南分布最为广泛，东部地区各地分布均较少。

（4）类型分布。参考紫色土在土壤发生分类和土壤系统分类中的类型划分，何毓蓉等（2003）将紫色土划分为旱耕紫色土、水耕紫色土和非耕紫色土，其中旱耕紫色土分为酸性紫色土、中性紫色土和石灰性紫色土。如图 1.2 所示，酸性紫色土分布最多，面积占比达 42.33%，其他三类相差较小，中性紫色土和石灰性紫色土的面积占比达 20%左右，水耕紫色土的面积占比近 14%。

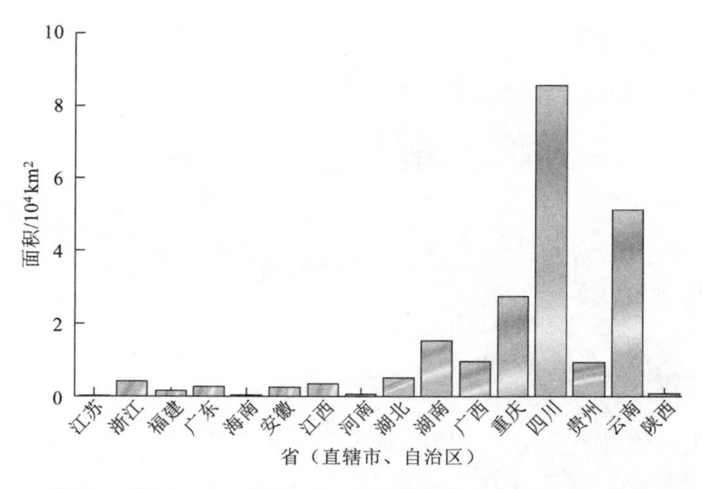

图 1.1　我国 16 省（直辖市、自治区）紫色土面积分布比较

注：数据来自全国第二次土壤普查关于各省（直辖市、自治区）的紫色土统计数据，统计面积主要为耕地；江苏、浙江、福建、广东、海南属于东部地区，安徽、江西、河南、湖北、湖南属于中部地区，广西、重庆、四川、贵州、云南、陕西属于西部地区

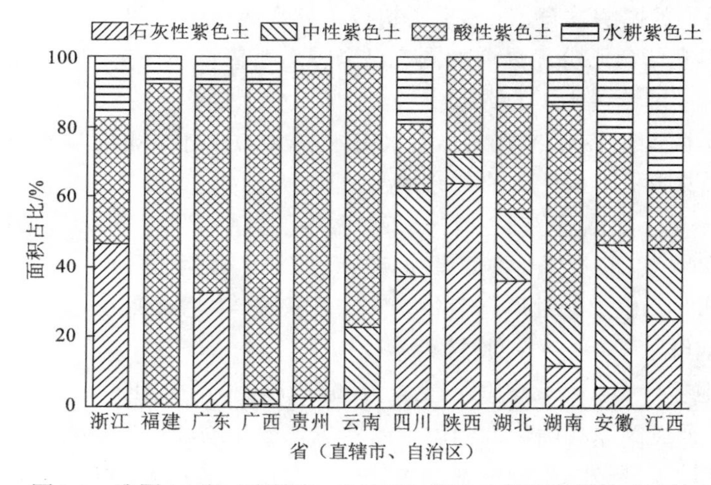

图 1.2　我国 16 省（直辖市、自治区）紫色土类型面积构成比较

注：数据来自全国第二次土壤普查 1（1978～1984 年），四川省的紫色土类型面积包括重庆市的紫色土类型面积。全国第二次土壤普查中紫色土统计面积主要为耕地，因此没有非耕紫色土的相关数据

1.1.2　紫色土的主要特征

1. 土壤物理性质

土壤的物理性质主要是指土壤的固相物质组成、固液气三相比例、土壤孔隙特征和土壤持水性能等，其物理性能决定了土壤的通气状况和热性质，对水和化学物质的迁移过程起着主导作用。

我国各地区的紫色土颗粒组成十分复杂，但总体上以砂粒和粉粒为主，黏粒含量一般较低，土壤质地主要为砂质黏壤土。紫色土砂粒的平均含量为 44.75%，粉砂粒的平均含量为 31.38%，黏粒的含量大部分介于 10%～30%，极个别剖面或层次的黏粒含量超过 40%。紫色土的结构特征以粗颗粒形成的团聚体（>0.01 mm）为主，含量介于 38.85%～83.87%，而小于 0.01 mm 的微团聚体含量较少。

2. 土壤化学性质

在土壤化学性质中，土壤 pH 和土壤交换性能与作物生长密切相关。

（1）土壤 pH。紫色土的 pH 在 4.0～8.5，超过该范围的紫色土极少出现。从区域分布来看，酸性紫色土主要分布在我国沿海一带的广西、海南、福建等地区。紫色土的 pH 从东南向北往西逐渐增高。

（2）土壤交换性能。阳离子交换量（cation exchange capacity，CEC）是土壤所能吸附的可交换性阳离子的总量，它直接反映了土壤的保肥、供肥性能和缓冲能力的大小。由于土壤 CEC 受土壤胶体、质地和 pH 影响较大，紫色土 CEC 在不同类型、不同区域之间差异较大，CEC 低的仅有 5.1×10^{-2} mol/kg，高的可达 43.7×10^{-2} mol/kg。

3. 土壤有机质

土壤有机质是土壤质量的重要指标。虽然有机质只占土壤总重量的很小部分，但它在土壤肥力上起着重要作用，关系土壤肥力水平的高低。紫色土的有机质含量一般在 15 g/kg 以下，明显低于其他地带性土壤的含量。紫色土的有机质含量与土地利用密切相关，一般在林地、草地、水田等利用方式下的表层土壤的有机质含量较高，可达 51.72 g/kg。

4. 土壤养分

土壤养分是由土壤提供的植物生长所必需的营养元素，通常包括氮、磷、钾等元素。这些元素参与农作物的代谢过程，土壤养分供应是否充足关系农作物生长的数量和质量。全国第二次土壤普查得到以下结果（全国土壤普查办公室，1998)。

（1）氮。由于紫色土是紫色岩风化形成的岩性土，加之土地利用强度大，水力侵蚀严重，紫色土的全氮含量和速效氮含量普遍较低且不足。紫色土的全氮含量为 0.75～0.97 g/kg，其平均含量为 0.78 g/kg。紫色土的速效氮平均含量为 62 mg/kg，仍属较低水平。

（2）磷。紫色土的全磷含量和速效磷含量均较低，为缺磷土壤。其中，紫色土的全磷含量为 0.33～0.81 g/kg，平均含量为 0.63 g/kg。紫色土的速效磷含量为 5.0～5.8 mg/kg，平均含量为 5.4 mg/kg。

（3）钾。紫色土的全钾含量和速效钾含量较为丰富，均能满足农作物对钾的需求。其中，紫色土的全钾含量为 16.1～22.1 g/kg，平均含量为 19.5 g/kg。紫色土的速效钾含量为 82～108 mg/kg，平均含量为 88 mg/kg。

1.1.3 我国紫色土的利用现状

紫色土的形成、发育、演变与分布主要受自然地理要素的控制，其中母岩物质起决定性作用。随着紫色土的农业开发和利用强度的不断增强，人文地理要素对紫色土的影响逐渐扩大。

1. 紫色土区的自然环境特征

（1）地貌类型以丘陵和低山为主，其次为高原。丘陵以四川盆地的盆中丘陵和江南丘陵最著名，在东南沿海和川西南地区亦有丘陵分布。低山主要分布在四川盆地边缘、湘鄂西地区、南岭、浙闽之间及皖南地区。高原以云贵高原面积最大。

（2）水热资源丰富，季节分布不均。紫色土区属于亚热带和热带气候，1 月、7 月和年均温分别为 5～15℃、25～28℃与 15～23℃，≥10℃的年积温为 4 500～8 500℃，大部分地区的年降水量达 1 000 mm 以上，云雾多，日照少。但水热条件的时空分布不均，夏季气温高、降雨多、雨热同期。

（3）地表蓄水能力较差，地下水资源贫乏。由于紫色土分布在盆地底部，年降水相对较少且集中，地表蓄水和保水能力较差。紫色砂泥岩属于不透水层，打井灌溉条件差，土壤易受干旱，旱地比例高。

（4）植被类型多样，以次生林木和农业植被为主。紫色土区是我国重要的农业生产基地，大部分地区进行了农业开发。原始林木为各种地带性植被类型，而且地域分布不平衡。

2. 紫色土区的土地利用现状

（1）以农业用地为主，土地利用强度大。紫色土区水热资源丰富，土壤肥沃，宜种农作物种类多，是我国南方的重要农业生产基地。但是，紫色土区农业人口多，垦殖率和复种指数高，土地利用强度大，导致土壤肥力质量下降，土壤退化问题日益严重（何毓蓉 等，2002）。

（2）坡耕地分布广，水土流失严重。据统计（张平仓 等，2017；中华人民共和国水利部，2012），我国现有耕地 1.2×10^8 hm^2，其中坡耕地 0.24×10^8 hm^2，约占全国耕地总量的 1/5。西南土石山区有坡耕地 $1\,178\times10^4$ hm^2，占西南土石山区耕地面积的 53.8%，远高于全国平均水平，加之土层较薄，人口密度大，人地矛盾非常突出，经济相对落后，粗放耕作普遍，坡耕地土壤年侵蚀量达 4.26×10^8 t，占长江上游总侵蚀量（16×10^8 t）的 26.6%（张信宝 等，2010）。

（3）农作物宜种性广，轮作制度多样化。紫色土区水热条件适宜，自然肥力较高，土壤质地黏砂适中，具有较好的供水供肥能力，适宜多种农作物的生长。同时，由于受到自然地理环境、生产力发展水平和农业技术条件的影响和制约，逐渐形成以轮作制为主的耕作制度。

1.1.4　本书的切入点

我国紫色土分布于四川、云南、贵州、广西、广东、湖南、湖北、江西、江苏、浙江、福建诸省区，以四川盆地最为集中，面积最大，最具代表性（李仲明 等，1991）。四川紫色土面积约 16×10^4 km²，占全省总土地面积的 28%，紫色土耕地约 4.67×10^6 hm²，占全省耕地面积的 68%，集中分布在四川盆地丘陵区和海拔 800 m 以下的低山区。本书选择紫色土区作为研究区域主要基于以下几点原因：①紫色土是我国水土流失最严重的土壤之一，其侵蚀面积之广和侵蚀强度之大，仅次于我国西北的黄土高原（李仲明 等，1991）；②紫色土区分布大量坡耕地，如川中丘陵区坡耕地面积占川中丘陵区耕地面积的 70%以上，成为水土流失的主要发源地，急需采取适宜的水土保持措施进行治理；③四川紫色土区开展水土流失方面的研究较早，水土保持措施类型多样，但是也存在治理速度慢、水土保持措施配置不当等问题。

1.2 国内外水土保持措施研究进展

自 20 世纪以来，土壤侵蚀和水土流失及其防治措施引起了国内外学术界的广泛关注。国内外学者尤其是土壤学、地理学、林学对土壤侵蚀和水土保持的概念和理论、土壤侵蚀机理和水土保持作用机理、水土保持效益评价等方面进行了研究。严重的水土流失是我国生态恶化的集中反映，威胁国家生态安全、饮水安全、防洪安全和粮食安全，制约山丘区的经济社会发展，影响全面小康社会的建设进程。国内学者陆续开展了土壤侵蚀和水土保持的基础研究和实践工作。

1.2.1 我国水土流失与水土保持概况

水土流失（soil erosion and water loss）是制约人类生存和社会可持续发展的重大环境问题，是我国各种生态问题的集中反映，对粮食安全和生态安全造成严重威胁。水土流失造成土壤退化、土地生产力降低、江河淤积、水体污染、洪涝灾害加剧、生态恶化、阻碍社会经济发展。由于我国特殊的自然地理环境和社会经济条件，加之对土地资源的不合理利用，我国成为世界上水土流失最为严重的国家之一。据《第一次全国水利普查公报》（中华人民共和国水利部 等，2013），全国土壤侵蚀面积 294.91×10^4 km²，占我国陆地总面积的 30.72%。由水土流失引起的退化耕地占我国总耕地面积的 1/3。水土流失也是导致生态恶化和贫困的根源，全国 449 个贫困县中严重水土流失的县占 75.8%。

水土保持（soil and water conservation）是防治水土流失，保护、改良与合理利用水土资源，维护和提高土地生产力，以利于充分发挥水土资源的生态效益、经济效益和社会效益，建立良好的生态环境的事业（王礼先 等，2005）。水土保持措施（soil and water conservation measures）是为实现水土保持目的而采用的农业技术措施、林草措施、工程措施的总称（王礼先 等，2004）。它的主要作用包括：①蓄水保土，保护水资源和土地资源不受破坏；②对已遭到破坏的土地进行整治和改良，提高其利用率和生产率；③使水土资源得到充分、合理的开发和利用，为发展农村生产、提高群众生活水平服务。

近年来，我国加大了水土保持的生态建设投入，在防治水土流失方面取得了显著的成绩。根据《第一次全国水利普查公报》（中华人民共和国水利部 等，2013），全国水土保持措施面积为 $99.16\times10^4\ km^2$，其中工程措施 $20.03\times10^4\ km^2$、植物措施 $77.85\times10^4\ km^2$、其他措施 $1.28\times10^4\ km^2$。全国共有淤地坝 58 446 座，淤地面积 927.57 km^2。根据《中国水土保持公报（2017 年）》，2017 年全国共完成水土流失治理面积 $5.90\times10^4\ km^2$，其中新修基本农田（包括坡改梯）$42.66\times10^4\ hm^2$、营造水土保持林 $152.07\times10^4\ hm^2$、经济果木林 $62.82\times10^4\ hm^2$、种草 $42.62\times10^4\ hm^2$、封禁治理 $192.22\times10^4\ hm^2$、保土耕作等治理面积 $97.48\times10^4\ hm^2$，其中国家水土保持重点工程完成 7 894 km^2，安排投资 61.61 亿元，包括中央投资 46.42 亿元、地方配套 15.19 亿元。水土流失综合治理竣工小流域 1 329 条。

从 2017 年紫色土区各省（直辖市、自治区）水土流失综合治理情况看（表 1.1），2017 年共完成水土流失治理面积 18 477.9 km^2。其中国家水土保持重点工程完成 2 081.09 km^2，安排投资 178 525 万元，包括中央投资 140 880 万元、地方配套 37 645 万元。

表 1.1　2017 年紫色土区主要省（直辖市、自治区）水土流失综合治理情况

省（直辖市、自治区）	治理面积/km^2	其中国家水土保持重点工程				竣工小流域条数
		治理面积/km^2	投资/万元			
			小计	中央投资	地方配套	
湖北	1 329.10	359.33	19 726	17 000	2 726	42
湖南	1 584.60	134.21	11 913	9 184	2 729	8
广西	1 788.70	294.96	23 978	17 589	6 389	20
重庆	1 651.30	221.46	19 205	15 262	3 943	45
四川	4 766.30	531.12	39 970	29 940	10 030	105
贵州	2 582.00	252.56	31 858	24 405	7 453	35
云南	4 775.90	287.45	31 875	27 500	4 375	57

质料来源：《中国水土保持公告（2017 年）》

2005～2008 年近四年的时间里，中华人民共和国水利部、中国科学院和中国工程院联合开展了“中国水土流失与生态安全综合科学考察”工作，指出我国水土流失防治工作虽然取得了很大成绩，但还存在许多比较突出的问题（鄂竟平，2008）：①经济建设中重开发、轻保护的现象仍普遍存在；②坡耕地和侵蚀沟治理滞后，成为水土流失的主要源地；③部分地区防治水土流失的措施配置不当；④贫困地区水土保持投入严重不足，防治速度缓慢；⑤统筹协调不够，采取的治理措施难以形成合力。科学考察的结果表明，迫切需要加强我国水土保持的基础研究，为生态建设规划和制订中国水土保持宏观战略对策提供科学依据。在这种背景下，国家于 2007 年启动了国家重点基础研究发展计划（973 计划）项目“中国主要水蚀区土壤侵蚀过程与调控研究”。本书的水土保持措施适宜性评价是该项目的课题“水土保持措施作用机理和适宜性评价”的部分研究成果。

1.2.2 我国水土保持措施研究进展与发展趋势

我国历史文化悠长，自古以农立国，水土保持自古有之，《尚书》《吕刑》《诗经》《国语》等文献中都有相关记载。明代徐贞明提出“治水先治源”，至今仍然可以借鉴。随着“治水与治源”“治河与治田”思想和实践的发展，尤其是近一个世纪以来以小流域为单元的水土流失综合治理与试验示范等取得了较大的进展（李锐 等，2003），逐步形成以小流域为单元，根据水土流失规律和当地实际，实行山水田林路综合治理，对工程措施、生物措施和农业技术措施进行优化配置的水土流失综合防治体系（陈雷，2002）。为了适应生产发展的需要，以保水保土为主要目标的三大措施，逐渐注入了资源合理利用及寓开发于治理之中的新思路，水土保持措施的内涵有了新的发展，形成了由水土保持农业技术措施、水土保持工程措施和水土保持林草措施组合的水土保持三大措施系统工程（唐克丽 等，2004）。

水土保持农业技术措施是指在水蚀和风蚀的农田中，采用改变小地形、增加植被盖度、地面覆被和增强土壤抗蚀力等方法，达到保水、保土、保肥、改良土壤、提高产量的目的（王礼先 等，2004）。现代水土保持农业技术措施是由水土保持耕作措施演化而来（唐克丽 等，2004）。20 世纪 50 年代主要针对坡耕地水土流失而采取保水保土耕作栽培措施，如等高耕作、沟垄种植、垄作区田、草粮带状间作、轮作等。坡耕地水土流失不仅增加入河泥沙，而且导致土壤退化、干旱缺水、土地生产力下降及生态环境恶化等系列后果；另外随着坡改梯田和建设高效基本农田的需要，新修梯田生土熟化及改土培肥措施提到重要位置，水土保持耕作措施有了新的发展。到 20 世纪 90 年代，我国水土保持耕作措施已形成发展为融水土保持耕作与提高水土资源生产力和建设可持续发展农业为一体的系统工程。原来定义的水土保持耕作措施已不能涵盖其内容和实质，故确定为水土保持农业技术措施（朱祖祥 等，1996）。水土保持农业技术主要分为四种类型：①改变小地形为主的耕作技术，包括沟垄耕作、坑田和新式圳田等；②增加植物被覆为主的耕作技术，包括间作、套种、混种、等高带状间作和草田轮作等；③增加地面覆盖物为主的耕作技术，包括残茬覆盖等；④增强土壤抗蚀力为主的耕作技术，包括免耕、少耕等。各种水土保持农业技术措施都有拦蓄径流、减少冲刷、防风挡沙、改良土壤、增加产量的作用。

水土保持工程措施是指应用工程原理，为防治水土流失，保护、改良与合理利用山区、丘陵区和风沙区水土资源而修筑的各项设施。水土保持工程措施在我国具有悠久的历史，在防治水土流失、治理江河、保护水土资源、改善生态环境、发展农业生产方面发挥了非常重要的作用（胡广录，2002）。现代水土保持工程措施系由历史上的坡田、坡塘、谷坊、引洪漫地等演化而来，由坡面治理工程、沟谷治理工程和小型蓄排水工程组成水土保持工程体系（唐克丽 等，2004）。根据修建目的及其应用条件，水土保持工程措施分为四种类型：①山坡水土保持工程，包括梯田、拦水沟埂、水平沟、水平阶、鱼鳞坑、山坡截流沟、水窖、挡土墙等；②沟道治理工程，包括沟头防护工程、谷坊、拦沙坝、沟道防护工程、引洪漫地等；③山洪及泥石流排导工程；④小型蓄水供水工程，包括小水库、蓄水池、蓄水塘坝、引水工程等。

水土保持林草措施是指为保护、改良与合理利用水土资源，在水土流失地区采用的人工或飞播造林种草、封山育林育草等措施。该措施习惯上常称为生物措施，主要是针对林草植被遭破坏的水土流失区或土地荒漠化地区，通过封禁自然恢复或人工造林种草的措施，以增加地面植被覆盖、防止水蚀风蚀和改善生态环境为主要目标，并与改善农业生产条件结合，兼顾林草资源合理开发利用的生态工程（唐克丽 等，2004）。水土保持林草措施分为两种类型：①水土保持造林，包括天然林、水土保持林、农田防护林、固沙造林、经济林等；②水土保持种草，包括封山育草、人工或飞播种草、天然草地改良与合理放牧等。水土保持林草措施主要具有保持水土、改良土壤、护岸固坡、改善小气候、增加经济效益的作用。

但是，我国的水土保持措施往往重工程、轻林草，重造林、轻封育，重保水措施、轻排水措施，治理措施单一，不能发挥水土保持综合治理的整体效益（张兴昌 等，2008）。近年来，随着国民经济建设的飞速发展，要求水土保持科学技术再上新台阶，就必须重视水土保持的学科发展，以能适应水土流失治理和农业可持续发展的需要（唐克丽，1999）：①发展水土保持生态学，促进生态农业建设；②发展水土保持系统工程学，推动大面积生产治理；③发展水土保持社会经济学，推进社会发展和进步。关君蔚（2002）设想未来中国的水土保持应该是因地制宜、因害设防，因势利导、趁时求成，谦诚则灵、机不再来，经济效益、生态效益、社会效益同步实现，社会效益是根本。通过水土保持措施效益评价与综合配置研究，分析不同类型区的典型小流域水土保持综合治理模式、关键技术及生态经济效益，为不同地区配置水土保持综合措施提供依据（李锐 等，2003）。

1.2.3　国外水土保持措施研究进展

土壤侵蚀和水土流失危害是一个世界性的问题。自20世纪以来，随着农业生产的发展和科学技术的进步，人类对于土壤侵蚀的认识日益深刻和系统，许多国家陆续开展了有明确目标的水土保持研究和实践工作，有的已经取得了较显著的成效。总体来看，国外水土保持措施研究主要集中在以下几方面。

（1）水土保持生物措施（biological measures of erosion control）。主要包括免耕、少耕、轮作、作物覆盖、残茬覆盖、植被过渡带、农林复合体、合成改良剂等。作物覆盖是一种创新的保护性措施，具有防止土壤侵蚀、改善土壤性质、提高土壤肥力、固氮等作用（Liu et al.，2005；Sainju et al.，2002）。作物残茬对于农业土壤是重要的资源，并且能够提供多种生态系统服务功能，如减少土壤侵蚀，改善土壤物理、化学和生物性质，增加作物产量，改善环境等（Blanco-Canqui et al.，2007；Lal，2006）。施肥是一种古老的水土保持措施，它能够增加农作物产量，提高土壤肥力，减少土壤侵蚀（Shukla et al.，2003）。Grande 等（2005）认为施肥通过增加土壤有机质含量，可以减少70%～90%的径流流失量及80%～95%的产沙量。自从20世纪50年代早期引入聚合物作为土壤改良剂以来，这种措施引起了大量学者的广泛关注，特别是到70年代后期和80年代早期，在道路的边坡稳定中得到普遍应用（Wallace et al.，1986）。聚丙烯酰胺（Polyacrylamide，PAM）广泛应用于灌溉土壤，和其他土壤改良剂相比，聚丙烯酰胺不但具有保护土壤、防止土壤侵蚀的作用，在经济上对土地使用者也具有较大的吸引力（Peterson et al.，2002）。

（2）种植制度（cropping systems）。种植制度涉及耕作、作物残茬、营养元素、害虫、土壤侵蚀防治措施的综合管理，选择恰当的种植制度可以有效减少水土流失和减小环境污染。现有的种植制度主要包括休耕、轮作、间作、等高种植、等高带状种植、有机农业等。在加纳的研究表明，玉米–豇豆轮作的玉米产量和养分积累明显大于玉米单一种植（Horst et al.，1994）。在印度尼西亚，和长期的木薯种植相比，木薯–玉米–大豆–豇豆间作明显减少了土壤侵蚀，并提高了经济收益（Iijima et al.，2004）。等高种植可以有效降低坡耕地的土壤侵蚀率，提高土壤的生产率。在菲律宾，等高种植、带状种植和植物篱都是减少黏土和坡耕地土壤侵蚀的有效措施，但是等高种植的效益最好（Poudel et al.，1999）。有机农业是一种非常具有前景的生产方式，它可以减少过多使用化学肥料、降低生产成本、提高商品市场价格、降低土壤可蚀性、保护自然环境（Mader et al.，2002）。

（3）免耕农业（no-till farming）。免耕农业是指在不进行初始耕作或者二次耕作的情况下直接在土壤上播种农作物的种植方式，它代表了一种新的水土保持范式。预计到2020年，美国通过实施免耕农业有望增加75%的耕地面积（Lal，1997）。免耕农业能够有效控制土壤侵蚀，降低耕作成本，也是维持农作物产量和环境质量的唯一选择，已经在世界各个地区得到广泛的推广和应用。

（4）植被缓冲带（buffer strips）。是指通过建立永久植被的缓冲带或者廊道来降低水蚀和风蚀的作用，通常介于农用地和水体之间。根据缓冲带的作用不同，缓冲带可以分为若干类型，如河岸缓冲带（riparian buffer strips）、植被过滤带（vegetative filter strips）、草障（grass barriers）等。缓冲带可以提高土壤水的渗透率和土壤结构性质，增加碳储量，并且可以稳固河堤，改善和保护野生动物的栖息地（Blanco-Canqui et al.，2004）。

（5）农林复合体（agroforestry）。指在同一土地单元上，将木本植物和农作物、养殖生产相结合的一种土地利用系统。在发达国家，农林复合体已经从最初的解决水蚀和风蚀问题到现在逐渐地用于减少非点源水污染。在很多非洲国家，农林复合体引入农村地区，通过提高土壤肥力，增加农作物产量，解决温饱问题，从根本上改善了农业经济（Garrity，2004）。此外，农林复合体通过农作物种植、林产品及林业副产品的市场化增加了就业机会（Leakey et al.，2003）。

（6）水土保持工程技术（mechanical structures and engineering techniques）。在水土保持生物措施不足以降低土壤侵蚀到允许水平的地区通过建造水土保持工程达到防治水土流失的目的。通过建造工程措施可以有效减缓径流速度，减少产沙量和土壤营养元素的流失，防止土壤侵蚀的产生（Morgan，2005）。根据水土保持工程措施的作用时间可以将其分为永久性工程措施和临时性工程措施两大类。永久性工程措施主要包括梯田、泄洪道、涵洞、沟渠等；临时性工程措施包括等高石（土）埂、淤泥栅栏、谷坊等。在埃塞俄比亚的高原，石埂梯田的引入使耕地土壤的年平均流失量从 20 Mg/hm^2 降低到很小的水平（Gebremichael et al.，2005）。淤泥栅栏能够保留地面径流 70%～90%的悬移质（Barrett et al.，1998）。

此外，国外还针对林下土壤侵蚀的防治、退化草地的管理、侵蚀和退化土壤的恢复、水土保持与碳动态、土壤侵蚀防治与土壤质量、粮食安全等方面做了大量的研究（Blanco-Canqui et al.，2010）。经过长期研究和实践，国外已经形成了较为完善的水土保持措施体系，其分类体系与国内的水土保持措施分类大致相同，可以概括为四种类型（Liniger et al.，2002a）：①农艺措施（agronomic measures）；②植物措施（vegetative measures）；③工程措施（structural measures）；④管理措施（management measures）。

1.3　水土保持措施适宜性与优化配置研究进展

水土保持措施是水土保持学研究的核心内容，也是维护和改善生态环境的基本途径。Jacks（1948）在 *Nature* 杂志上发表了名为 *Soil conservation* 的文章，他指出水土保持的机制，也就是防止水和土壤的流失，无论在什么地方本质上是一样的，但是不同地区的环境和社会经济条件要求水土保持措施形成不同的配置模式，水土保持的艺术和科学在于建立适合自然、经济和社会环境的土地利用模式。也就是说，水土保持措施既要满足当地水土保持的需要，同时也要适应当地的土壤、自然和社会经济条件，即水土保持措施的适宜性问题。而水土保持措施适宜性评价又是科学和优化实施水土保持措施的基础，为了使某一单项水土保持措施或综合水土保持方案在实施地点或区域能顺利推广且效益最大化，应当事先对该措施或方案进行适宜性评估，并筛选优化的措施或方案（刘刚才　等，2009）。但是，如何进行水土保持措施的适宜性评价，这方面的研究很少。近几年来，水土保持措施适宜性方面的研究也逐步受到重视，并取得了一些研究成果，但与适宜性直接相关的研究报道很少。国内现有适宜性评价成果主要还是单个因素（如坡度）的适宜性分析（李秋艳　等，2009；陈雪　等，2008），以及措施间的水土保持效益比较（刘刚才　等，2008）。国外的措施适宜性评价主要针对保护性耕作。Lal（1985）提出了一个等级系统，用来评价少耕和免耕措施对不同土壤的适宜性。Peigne 等（2007）通过分析保护性耕作在有机农业中的优缺点探讨保护性耕作对有机农业的适宜性问题，指出耕作深度需要根据不同作物类型而变化，并且要有防止土壤板结的相应措施。

刘刚才等（2009）在系统总结国内外水土保持措施适宜性研究成果的基础上，指出水土保持措施适宜性研究存在的明显不足之处，并提出水土保持措施适宜性的研究方向，重点提出适宜性评价的“双套对偶评价指标体系”及“双套对偶评价指标差值最小法”的评价方法，为水土保持措施的适宜性评价提供新的思路和方法。但是，目前仅对水土保持措施适宜性评价提出定性分析和定量评价的框架，还没有较为系统的适宜性理论及研究案例。现有的研究主要是通过水土保持措施效益评价，分析水土保持措施的采纳程度及其保存率，以及通过小流域水土保持措施优化配置来间接地探讨水土保持措施的适宜性问题。

1.3.1　水土保持措施采纳程度

为了防治水土流失，维持土壤的生产能力，世界各国研究了一系列水土保持的农业技术措施、林草措施和工程措施，以及小流域综合治理配置模式。在过去的研究中，重点集中在保水保土的土壤侵蚀防治措施，如梯田和植物篱，然而现在逐渐把注意力转到减少土壤干扰的措施，如少耕、农作物覆盖等。少耕、等高耕作、农作物覆盖和植物篱已经被证明是防治水土流失、改善环境质量的有效措施。但是，研究发现当地农民很少自愿采用这些水土保持措施（Wauters et al.，2010）。在这种情况下，当地农民是否有兴趣或者有能力采用这些水土保持措施就成为水土流失防治的关键（de Graaff et al.，2010）。水土保持措施的采纳程度是由各种自然、社会和经济因素决定的，而且从正反两方面影响当地农民的抉择。

第一，农民的水土保持意识和态度。Rogers（1995）将采用的过程定义为：个体从第一次接触某个新事物到最后采用这个新事物的心理过程。de Graaff 等（2008）把水土保持措施的采用过程分为三个阶段，即接受阶段、实际采用阶段和继续使用阶段。采用过程的前两个阶段是农民认识土壤侵蚀问题，获得对水土保持措施的积极态度。农民对土壤侵蚀问题和当地已有水土保持措施效益的了解很大程度上决定了农民的决策行为（Ervin et al.，1982）。

第二，水土保持措施的经济收益和风险。水土保持措施产出的收益率和持续性是农民评价水土保持措施的重要标准，风险的最小化和收入的稳定性同样受到他们的重视（Lockie et al.，1995），潜在的经济风险会导致措施的低采用率（Pattanayak et al.，2003；McNairn et al.，1992）。Okoye（1998）尝试区分影响农民采用传统和改进土壤侵蚀防治措施的主要因素，多元分析结果显示收入、土地规模和农民对风险的态度是影响采用改进措施的重要因素，而职业、农产品价格和利率是影响采用传统措施的主要因素。Tenge 等（2005）利用财务成本效益分析法（financial cost benefit analysis，FCBA）对在不同区域具有不同机会成本的农村劳动力进行研究，投资成本高、初始回报低是小农户采用水土保持措施的主要障碍，并且水土保持措施在经济方面对非农收入较高的农民不具有吸引力。D'Emden 等（2006）采用持续期分析法（duration analysis）研究保土耕作采用随时间的变化，结果显示除草剂成本–效益的影响因素对于保土耕作措施是非常重要的，特别是除草剂的价格是采用免耕的决定因素。

第三，当地的土壤、自然环境和社会经济条件。土壤和自然环境条件对水土保持措施采用程度的影响较小，农民的决策行为更多地受到社会经济条件的制约。由于大多数农民只具有土地使用权，虽然他们能够意识到水土保持措施带来的效益，但是缺少土地所有权（Lawry et al.，1994），土地租用者不太可能采用经过长时间才能产生效益的措施（Soule et al.，2000），同时男性比女性更愿意采用水土保持措施（Adesin et al.，2002，2000）。在菲律宾的丘陵地区，采用等高树篱耕作措施的主要限制因素是在建立和维护过程中的大量劳动力需求，因此人数少、女性比例大的家庭通常不愿意采用这种劳动强度大的措施（Stark，1996）。植物篱的限制因素主要包括种子的限制供应、种植牧草品种的高死亡率、缺乏集体行动及初始投资的高成本（Lapar et al.，2003），受过更多教育、收入较高、能获得贷款的农民更倾向于采用这种措施（Lapar et al.，2004）。Amsalu 等（2007）利用连续决策模型研究采用和连续使用石埂梯田的决定因素，结果表明影响采用的因素包括劳动力的年龄、土地规模、对措施收益率的期望、坡度、畜牧规模和土壤肥力，而影响继续使用这种措施的因素包括措施的真实收益率、坡度、土壤肥力、农户的人数、土地规模和从事非农业工作。研究发现劳动力短缺、满足农民需求和措施对当地农业生态环境的适宜性问题也是导致农民不愿采用水土保持措施的因素（Bewket，2007）。此外，在中国黄土高原采用轮作措施的研究中，He 等（2008）指出农田和休耕地的坡度起到关键作用，农民的年龄、家庭规模、农民的态度、农民对土壤侵蚀问题的了解对这种措施的采用也有积极作用。

第四，政府的水土保持推广服务和激励措施。在发展中国家，政府开展水土保持推广服务使农民逐渐意识到水土流失的严重性及对农业生产的影响，并且了解到水土保持措施带来的各种效益。参与推广服务及适当的经济激励对农民采用水土保持措施有积极影响（He et al.，2007；Paudel et al.，2004）。但是，Wiersum（1994）研究发现政府旨在通过实施水土保持推广服务预期达到的目的与农民采用这种措施的动机存在很明显的差异，一些农民采用这种措施不是因为它产生的各种效益，而是把它作为获得土地或者贷款的一种途径。水土保持措施不能广泛被采用通常是由于缺乏开放的政策和制度环境，而不是水土保持措施本身的缺乏；通过补贴或者其他形式的刺激政策鼓励农民采用一些水土保持措施不会从根本上解决农民所关心的问题，以至于措施不能得到持续的采用（Pandey，1999）。

水土保持措施采用的研究中很少能够确定一些共同的影响因子，这主要归因于不同的分析方法、不同的水土保持措施及研究区域的环境和社会经济条件差异。综上所述，国际上在水土保持措施采纳程度方面已经开展了大量的研究，而国内在这方面的研究相对滞后，成果也比较少。国外的学者主要是从农民的角度去研究水土保持措施采纳程度，偏重于农民的基本特征、认知、态度及社会经济影响因素，这主要归结于人的主观意志和社会属性。水土保持措施采纳程度研究从社会经济角度间接探讨了水土保持措施的适宜性问题，为以后的深入研究提供了基础。

1.3.2　世界水土保持方法与技术纵览

虽然土地可持续利用的理念正越来越多地被人们所接受，但是大部分水土保持研究都把重点放在效益评价上，而没有足够重视预防和防治策略。世界各个地方分布着各种各样的水土保持措施，但是它们没有得到土地使用者、技术人员、研究者和决策者的充分认可、评价和共享，并且研究者和实施者之间往往缺乏联系。世界水土保持方法与技术纵览（World Overview of Conservation Approaches and Technologies，WOCAT）项目正是水土保持事业顺应新形势的一个全球性水土保持信息化产物，它对于水土保持的发展将起到十分重要的作用。

WOCAT 是一个全球性的项目，于 1992 年由世界水土保持学会立项，由瑞士泊尔尼大学环境与发展中心（Center for Development and Environment，CDE）、联合国粮食及农业组织（Food and Agriculture Organization of the United Nations，FAO）、国际土壤参比与信息中心（International Soil Reference and Information Center，ISRIC）等组织组成管理委员会，主要由瑞士发展与合作局（Swiss Agency for Development and Cooperation，SDC）提供资金。1996 年国际土壤保护组织第 9 次会议接受其为全球性的项目，至今已有非洲大部分国家，拉丁美洲、中美洲部分国家，亚洲的泰国、中国、菲律宾参与了 WOCAT 项目（杨学震 等，2000）。WOCAT 项目通过收集、分析、介绍并传播全球的水土保持技术和方法，达到推进水土资源可持续利用的目的，同时该项目还可为水土保持专家、土地利用规划人员及决策者提供借鉴，帮助农民通过采用水土保持措施提高土地生产率，让不同地区的人获得适宜的水土保持经验，还可以相互比较找出各地区较好的水土资源可持续利用的管理方法，促进全球水土保持和自然资源可持续利用的发展。

不管是科学研究的成果还是农民的实践经验都不能单独使水土保持措施实现可持续利用。而 WOCAT 项目提出了评价和选择水土保持措施的新方法体系，这个方法体系结合了利用全球最好的水土保持措施的集体学习方法和决策支持系统（Schwilch et al.，2009）。首先通过水土保持措施技术人员与当地农民的讨论确定当地的土地退化问题和已经采用的措施，其次利用标准化方法评价当地水土保持措施的生态效益、经济效益和社会效益，最后在决策支持工具的帮助下由水土保持措施技术人员与当地农民共同选择比较适宜的措施。这个方法体系具体包括以下三个步骤。

（1）识别：确定当地农民已经实施的水土保持措施。在构思新的技术方法防治水土流失和土地退化之前，应该考察一下在当地已经应用的措施。通过水土保持措施技术人员与当地农民讨论的形式汇集不同群体的观点，确定当地已经存在的措施。

（2）评价：因为当地的水土保持措施不一定都是适宜的，所以需要对当地的措施进行更详细而科学的评价。在问卷调查的基础上，利用标准化方法进行水土保持效益评价，并考虑到结果与其他研究区域的共享。

（3）选择和决策：在 WOCAT 数据库的一系列水土保持措施中，由水土保护措施技术人员与当地农民共同选择最适宜的措施。通过集体讨论进行比较分析，在决策支持系统的帮助下，共同选择在研究区域实施的措施。

总的来说，WOCAT 项目提供的水土保持评价框架有利于规范、统一地对已有水土保持经验和教训进行总结、交流、推广，好的水土保持措施也有机会传播到世界各地，同时也能借鉴世界上与我国情况相近的国家和地区的好的经验和措施，对全球水土保持研究趋势也可及时了解，这些都将对我国水土保持措施发展起到很好的促进作用（杨学震 等，2000）。在地块尺度，水土保持专家根据不同的自然、社会经济和制度条件，寻求适应具体条件、满足具体要求的水土保持技术和方法；在国家和区域尺度，WOCAT 的方法体系、数据库和地图帮助规划者、协调者和决策者利用现有成功经验，避免错误和重复（Liniger et al.，2002b）。但是，WOCAT 在应用过程中，特别是在发展中国家的应用存在一些具体的问题。例如，在印度尼西亚，由于缺乏专项资金、时间、工作人员、互联网、组织和合作，经过四年在31个省的水土保持措施评价及WOCAT传播,这个方法没有得到充分的利用,大部分省还在识别的第一阶段,水土保持也没能达到预期的效果(Tatin,2005)。

1.3.3 水土保持措施保存率

水土保持措施保水保土效益的分析研究逐渐由径流小区转向中尺度、大尺度区域,但是首先面临的问题就是需要确定区域内各项水土保持措施的数量和质量。过去在进行区域水土保持措施减水减沙效益计算时,将上报面积简单累加,直接作为治理措施面积进行计算,这样使分析结果与实际情况大不相符,缺乏可靠性和说服力(刘勇 等,1994)。因而必须对各项治理措施的治理面积进行核实,以期得到比较真实的措施数量和面积。核实大面积水土保持措施治理面积一般有三种方法:一是应用遥感技术;二是大面积开展以小流域或以县为单元的全面普查;三是抽样调查。水土保持措施治理面积的核实最终是一个保存率问题(刘勇 等,1994)。

目前,水土保持措施保存率的概念及其内涵还不是十分明确。喻权刚(1995)认为保存率是治理验收保存面积与实施面积的比值,保存率的高低直接反映治理措施质量的好坏。从定性的方面看,水土保持措施保存率主要受自然环境(气候、下垫面等)和社会环境(措施技术、管理方式等)等因素的影响,反映的是在社会环境因素相对稳定的情况下,以自然因素为主导,措施的保存状况。关于保存率的定量表示方法,一些文献中将通过一定调查手段核实的各项措施面积与上报面积(也称开展面积)的比值称为措施保存率,然后再引入有效利用的概念(有效率);有专家将二者综合称为核实率(或修正系数)。赵有恩(1996)认为,水土保持措施保存面积中应考虑措施标准问题,即应剔除老化失修、自然退化、新修(植)未达标及人为毁坏等丧失或不具备措施功能的部分,措施保存率可以用核实面积与上报面积的比值来表示。

研究发现,不同区域的水土保持措施保存率存在很大差异(喻权刚,1995),而且普遍存在保存率较低的现象。马勇等(2002)通过渭河流域水土保持措施保存率及质量状况调查认为水土保持措施质量标准比较低、重治轻管是大面积治理度、措施保存率低的主要原因之一。此外,渭河中上游降雨较少等原因造成林草存活率低,幼林数量多,影响了水土保持措施的整体水平和质量。因此,水土保持措施保存率在一定程度上反映了措施对实施地的社会经济条件和自然条件的适宜程度。

1.3.4 水土保持措施效益评价

水土保持措施效益的科学评价是筛选和确定最佳水土保持措施的基础,也是水土保持措施适宜性评价的一个重要组成部分(刘刚才 等,2009)。水土保持措施效益评价总体上从过去以定性为主、单因素、单目标评价逐渐发展到多目标、多层次和多因素的定量综合评价。从评价方法来看通常可以分为对比分析、模拟分析和综合评价三类,从评价内容来看通常包括保水保土效益、生态效益、经济效益和社会效益四个方面。

经过不断的发展，水土保持措施效益的单项指标评价已经逐渐完善，我国于 1995 年颁布的《水土保持综合治理效益计算方法》详细地介绍了水土保持措施效益各类指标的计算方法。目前，水土保持措施效益的综合评价方法已经涉及数学及其相关学科的各个领域。周江红（2007）和朱青等（2008）通过对比分析评价不同水土保持措施减沙和保水效益。卢宗凡等（1988）最早利用主成分分析和聚类分析的方法，评价分析不同水土保持指标的适用性和代表性，为进行水土保持研究确定适宜的水土保持指标提供依据。王兵等（1994）在主成分分析的基础提出了小流域水土保持生态经济效益评价指标体系与综合评价模型。李晶等（2007）根据陕北黄土高原的特点，采用无植被覆盖的潜在土壤侵蚀量来估算各生态系统的土壤保持量，然后利用估算的土壤保持量，采用市场价值法、机会成本法和影子工程法从保护土壤肥力、减少表土损失和减轻泥沙淤积三个方面来评价水土保持的经济效益。韦杰等（2007）提出水土保持效益评价的 DPSIR（driver，pressure，state，impact，response）框架，进而提出水土保持效益评价从基础数据到综合指数集成的新思路。此外，Topsis 决策方法（张文军 等，1993）、灰色系统理论（王宏兴 等，2003；黎锁平，1995）、BP 神经网络方法（楼文高，2007）、熵值理论与模糊物元（魏永霞 等，2008）、遗传算法与欧氏距离判别法（吴高伟 等，2008）等复杂数学方法也被引入到水土保持措施效益评价中。

在水土流失防治过程中，保水保土效益是水土保持措施其他效益的前提和基础，以前的水土保持措施效益评价主要是针对保水保土效益的单指标评价。减水减沙效益（袁希平 等，2004）、土壤改良效益（沈慧 等，2000a）、土壤抗蚀性能（沈慧 等，2000b）等成为水土保持措施效益评价的重要指标。但从近来的研究成果来看，同时包含保水保土效益、生态效益、经济效益和社会效益的综合评价逐渐成为水土保持措施效益评价的主要发展趋势。通过构建涉及保水保土效益、生态效益、经济效益和社会效益的综合评价指标体系，采用综合定量方法，对不同区域的水土保持措施效益进行综合评价和比较（全海，2009；孙昕 等，2009；吴高伟 等，2008；王兵 等，1994）。

1.3.5 水土保持措施优化配置

水土保持措施优化配置是实现土地资源合理利用和提高水土保持综合效益的重要途径和手段。科学的水土保持措施优化配置能充分发挥各水土保持措施的优势，最大限度地发挥水土流失防治效益，提高土地生产力，促进农村和农业经济发展。水土保持措施优化配置是近年来的一个研究热点，分别从定性和定量研究两个方面取得了一些研究成果。

从定性研究方面看，许多学者在分析水土保持措施的影响因素及水土保持措施的综合效益基础上进行了水土保持措施优化配置研究。鲁子瑜等（1991）指出小流域林草合理配置与否不仅仅与林草的生态适宜性相关，而且还与社会、经济、地形、交通、水土保持等因子相关联，受多重制约，需加以综合考虑。蒋定生等（1992）针对黄土高原丘陵区水土流失规律，提出适合研究区地形特点的平面三区结构配置模式和坡面梯层结构配置模式。李志华等（1998）通过试验观测对比不同植物配置模式的水土保持效益，探索出平顶山市丘陵区沟头防护生物措施配置最佳方式。朱金兆等（2002）根据降雨、地形与小流域侵蚀泥沙的来源及水土流失发生发展规律，提出以小流域为单元，基于林水平衡，体现水土保持功能持续提高的水土保持体系高效空间配置原理与技术。姚文艺等（2004）提出了“措施配置比”和“流域治理效应与水土保持治理措施类型配置方案有关”的概念，并研究了无定河流域水土保持措施不同类型配置体系的滞洪减沙效应（陈江南 等，2006）。冉大川等（2006）通过分析实施淤地坝等水土保持措施前后泥沙粒径的变化、淤地坝配置比例与减沙比例关系的变化后认为应采用以淤地坝为主的工程措施与坡面措施相结合的综合配置模式。王学强等（2007）研究了耕作措施、梯田措施、植物篱措施在坡耕地不同坡度上的蓄水保土效益，提出水土保持措施根据坡耕地不同坡度进行优化配置。

从定量研究方面看，线性规划方法作为一种有效解决最优配置问题的数学工具被很多学者应用到水土保持措施优化配置的实践中。例如，李成杰等（2004）和卢玉东等（2007）提出采用多目标规划方法进行水土保持措施优化配置。此外，有学者将数学方法和地理信息系统（geographic information system，GIS）技术相结合进行水土保持措施空间优化配置。郑海峰等（2007）在多因素决策分析的基础上，应用 GIS 聚类分析与统计分析方法对所划分的乔灌草植物优化配置模式进行空间布局。何长高等（2008）根据水土保持措施调控流域来水的模拟结果，建立了基于水资源优化配置的水土保持措施优化配置多目标耦合模型，利用遗传算法对模型进行了优化求解，得出了平水年来水过程下不同规划水平年最优水土保持措施配置及水资源优化配置结果。

总的来说，近年来水土保持措施优化配置逐渐受到水土保持机构和研究人员的重视，并积累了一些成功经验，但是对水土保持措施优化配置的原则和方法研究较少。长期以来，传统的水土保持措施优化配置研究主要关注水土保持措施配置比例的优化，而忽略了水土保持措施空间布局优化，限制了水土保持综合效益的提高，影响了水土保持措施的可持续利用。

1.3.6 紫色土区水土保持措施适宜性评价

为了防治紫色土丘陵区的水土流失问题，许多学者针对紫色土的侵蚀特点开展了大量水土保持措施的研究工作。刘晓鹰（1989）在分析川中盆地丘陵区土壤侵蚀类型和水土流失产生原因的基础上，提出应以小流域为治理单元，生物措施、工程措施紧密配套，逐流域分阶段治理。在紫色土丘陵区采用方法简单、成本低廉的植物篱（张信宝 等，1990），既可以防止水土流失，又可以提高农业产出，以香根草作为草种较好，但是需要施一定的肥料（谢庭生 等，2005）。试验结果也显示植物篱可以显著减少径流量和泥沙流失量，但是篱前肥力升高，篱下肥力下降，在坡耕地管理上应特别加强篱下土壤带的培肥，以提高坡面整体生产能力（林超文 等，2007）。向双等（2001）指出四川盆地丘陵坡地集雨蓄水工程拦洪保土和蓄水防旱效果十分显著。在川中丘陵区实施聚土免耕法（刘刚才 等，2001）和秸秆还田（陈尚洪 等，2006）不仅可以减少水土流失，改善土壤的物理化学性质，还可以达到提高土地生产力的目的。王海雯（2008）采用人工降雨的方法，研究发现紫色土丘陵区横坡耕作措施产生水土保持效益的临界坡度在15°～20°。

在紫色土丘陵区水土保持措施防蚀机理研究的基础上，有些学者采用不同方法进行水土保持效益评价。王治国等（1997）采取定量与定性、计量与评估、分项计量与优化组合的方法评价川中丘陵区小流域优化综合治理效益。雷孝章等（2003）研究表明川中丘陵区“长治”工程对坡面和小流域的减沙理水效果明显，但对不同尺度下的水沙运行机制需进一步研究。刘刚才等（2005）在试验观测数据的基础上，用层次分析法（analytic hierarchy process，AHP）等对不同措施的水土保持效益进行了综合评价，结果显示退耕种草有持续稳定的水土保持效果，特别是退耕种“果树+饲草”的水土保持效果更明显。此外，刘刚才等（2008）首次提出紫色土丘陵区水土保持措施的适宜性问题，在比较不同措施水土保持动态特征的基础上，认为自然封禁是目前该区荒坡地最适宜的水土保持措施。李秋艳等（2009）分析了长江上游紫色土地区不同坡度坡耕地水保措施的适宜性。

紫色土丘陵区水土保持措施的优化配置也逐渐受到研究者的重视，并开展了一些探索性的研究。姜万勤等（1995）利用系统工程原理建立水土保持措施配置的优化数学模型，突出坡面水土保持工程措施建模方法，探索国内这一空白，并首次尝试利用小流域优化模型，提出不同类型区域的优化指标以解决大面积的水土保持规划治理问题。随后，姜万勤等（1997）又比较川中丘陵区不同荒坡利用方式对水土流失的响应特征，提出在不同地形条件下的配置措施。张建华等（2001）通过微区模拟试验研究不同水土保持措施的水土流失响应特征，并提出在不同坡度的措施配置模式。聂锐华等（2003）借助Arc/View GIS的辅助决策作用，综合分析紫色土丘陵区小流域地理条件和水土流失现状，因地制宜地提出了小流域综合治理的指导思想、建设目标及措施布局。尹忠东等（2009）以川中紫色土区“长治”工程农作型小流域为研究对象，采用逐步回归建模、向后删除回归建模和全自变量回归建模方法，分析小流域不同水土保持措施的设计策略和不同措施单位面积的减蚀量和减蚀比。

综上所述，紫色土丘陵区水土保持措施防蚀机理研究取得了较多的经验。但是和国内其他地区和国外的研究相比，紫色土丘陵区在水土保持措施效益评价和措施优化配置方面的理论研究相对滞后。特别是，水土保持措施适宜性评价和小流域水土保持措施空间优化配置的研究报道较少，大多是与适宜性间接相关的研究成果。但是，这些间接的研究成果也为进一步深入研究紫色土丘陵区水土保持措施适宜性和小流域水土保持措施空间优化配置问题提供了理论和实践基础。

1.3.7 GIS 在适宜性评价中的应用

GIS 具有管理空间不均匀分布资源的能力，可以把大区域范围内测定点的属性数据同地理数据结合起来（倪绍祥 等，1992）。20世纪80年代，随着计算机和信息技术的快速发展，GIS结合遥感（remote sensing，RS）和全球定位系统（global positioning system，GPS）等现代空间信息技术，在水土保持领域已经得到了一些应用。

水土保持措施适宜性可以看作在水土保持科学体系下的土地适宜性问题。因此，GIS

在土地适宜性评价方面的大量研究成果可为水土保持措施适宜性评价提供理论和方法上的借鉴和支持。GIS 在土地适宜性评价中的应用可以追溯到 19 世纪末到 20 世纪初美国景观建筑师手工绘图叠加技术的应用（Collins et al.，2001）。随着计算机科学技术的发展和 GIS 软件的出现，计算机地图叠加技术成为土地适宜性评价的主要方法。基于 GIS 的土地适宜性评价方法主要包括以下几个方面。

（1）多目标规划和多目标决策。Cromley 等（1999）论证了线性规划与 GIS 相结合分析土地适宜性的可行性，但是同时指出随着数据量的增加，优化技术和 GIS 的快速融合成为这种方法的主要障碍，可能的解决方法就是利用启发式算法（heuristic algorithms）。另外，一些多目标决策方法在 GIS 环境中实现，主要包括加权求和（Carver，1991a）、协调分析（Carver，1991a）和层次分析法（Banai，1993）。但是，多目标规划和多目标决策过程中存在数据不准确、不严密、含义不明确及不同目标的标准化问题。

（2）模糊逻辑。在复杂的土地利用适宜性分析中，很难甚至不可能提供基于布尔代数的传统方法所需的精确数字信息。Hall 等（1992）介绍了在 GIS 中的模糊信息表示和处理方法，推动了模糊适宜性评价的发展。由于土地利用类型是离散的，模糊隶属度适合确定不同土地适宜类型的界限，而且在适当考虑不确定性的情况下保留了部分隶属度的完整信息。将模糊逻辑方法应用到土地适宜性评价的主要限制因素就是隶属度函数的选择。

（3）神经网络。通过把神经网络方法引入土地适宜性评价，Sui（1993）发现神经网络是 GIS 环境中适宜性分析的有效工具。Gimblett 等（1994）强调神经网络具有自适应的规则自主生成能力，能够处理大量的土地适宜性评价指标。神经网络方法的优点在于用户能集中在问题本身，而不是技术细节，该方法最适合处理那些很少或者不能完全理解的复杂问题，善于解决涉及大量数据集的问题。由于这种方法不能提供详细的计算过程，在土地适宜性评价中受到一定的限制。

（4）遗传算法。最近十多年来，遗传算法被广泛地应用到基于 GIS 的土地适宜性分析（Krzanowski et al.，2001）。遗传算法可以进行土地利用的空间优化配置（Stewart et al.，2004），改进传统的土地适宜性评价方法（Brookes，1997）。遗传算法特别适合解决复杂的土地利用建模和没有足够可用信息情况下的搜索寻优，这些都是传统多目标优化方法不能解决的。但是，遗传算法处理空间问题的一个不足是它很难将遗传算法的抽象结构和具体的实际问题联系起来，并且确定它的适合标准。

（5）细胞自动机。Ligtenberg 等（2001）提出结合多智能体和细胞自动机的“自下而上”的空间规划模型。细胞及其邻域的局部相互作用是细胞自动机的最大特点（Batty et al.，1999）。在 GIS 的支持下结合细胞自动机和多智能体将是功能强大的土地适宜性分析工具。

从以上分析可以看出，GIS 空间叠加分析是土地适宜性评价最常用的方法。GIS 与多目标决策方法的结合解决了多因素、多目标的综合评价问题。但是，评价标准的确定、指标标准化和指标权重的确定是多目标决策方法能否正确应用的决定因素。一些学者指出这些问题可以通过人工智能方法解决（Gimblett et al.，1994）。然而，没有足够的案例来验证人工智能方法在处理复杂的土地利用适宜性问题的有效性。可以说，这些方法的最大限制是它们通过“黑箱”的形式分析空间问题。

综上所述，虽然没有直接关于GIS应用于水土保持措施适宜性评价的研究成果，但是GIS支持下的水土流失定量评价、水土保持措施空间优化配置等研究已经为水土保持措施适宜性的空间评价提供了新的思路。GIS在土地适宜性评价方面的研究经验和提出的各种评价方法也为GIS在水土保持措施适宜性评价中的成功应用提供可能。

1.3.8 存在的不足

纵观国内外的有关研究成果，目前水土保持措施适宜性评价及其优化配置方面的研究还很薄弱，主要存在以下不足。

（1）水土保持措施适宜性评价缺乏系统的理论研究。目前，仅对不同坡度条件下的水土保持措施适宜性进行了定性分析，大多数研究还只是涉及采纳程度、保存率、效益评价的其中一个方面，还没有形成比较系统的水土保持措施适宜性评价理论。

（2）水土保持措施适宜性缺乏切实可行的评价指标体系与评价方法。水土保持措施适宜性评价的关键是建立评价指标体系和评价方法，如何从不同角度对水土保持措施的研究综合到一个指标体系，以及针对这个指标体系提出科学合理的评价方法是急需解决的主要问题。

（3）水土保持措施适宜性评价缺乏在不同空间尺度的实证研究。目前，水土保持措施的研究还是主要集中在径流小区、坡面和小流域的“点”“线”尺度的研究，在“面”这个尺度上的研究较少，致使研究成果不能推广到较大尺度的区域。

（4）水土保持措施空间优化配置研究明显不足。由于水土保持措施适宜性评价理论和评价方法欠缺，直接导致水土保持措施空间优化配置的研究相对滞后。目前，单项水土保持措施对水土资源影响的研究已比较深入，水土保持措施的数量结构优化和空间配置模式的定性分析也开展了相关研究。但是，水土保持措施空间优化配置的原则和方法还有待更深入地研究。

1.4 本书的主要内容和研究框架

1.4.1 本书的研究目标

本书根据影响水土保持措施的土壤条件、自然环境条件和社会经济条件，以及措施实施后的水土保持效益、自然环境效益和社会经济效益，提出水土保持措施适宜性的评价指标体系与评价方法。以紫色土区为研究区域进行实证研究，比较不同水土保持措施在同一区域相同条件下的适宜性大小，以及评价同一措施在空间上不同条件下的适宜性差异，综合集成适应当地土壤条件、自然环境条件和社会经济条件的小流域水土保持措施空间优化配置模式，为地方制订水土保持规划提供理论依据和方法。本书主要目标如下。

（1）认识紫色土区土壤性质的空间分布特征。

（2）认识紫色土区土壤侵蚀与水土保持服务功能的空间分布特征。

（3）建立水土保持措施适宜性评价指标体系与评价方法。

（4）阐明紫色土区典型水土保持措施在同一区域的适宜性差异，以及水土保持措施适宜性的空间差异。

（5）提出紫色土区小流域水土保持措施优化配置模式。

1.4.2 本书的主要内容

考虑水土保持措施类型的多样性，土壤条件、自然环境条件和社会经济条件的差异性等特点，针对水土保持措施适宜性理论欠缺、适宜性评价与空间优化配置研究明显不足等问题，适应国家和地方水土保持工作的迫切需求，本书的研究内容包括以下四个方面。

（1）紫色土区土壤性质的空间分布预测。在分析紫色土区土壤性质空间变异及其影响因素的基础上，总结常用土壤性质的空间插值方法的基本原理。以紫色土区杜家沟小流域为研究区域，利用土壤样品分析数据和 Landsat ETM+影像数据，采用回归分析和普通克里格插值相结合的综合方法，进行该区域的土壤性质空间预测，并采用独立数据集验证法评价回归克里格法的预测精度，并与反距离权重、径向基函数、普通克里格三种插值方法的预测精度进行比较，以揭示紫色土区土壤性质的空间分布规律，为水土保持措施适宜性评价和空间优化配置提供理论支撑和基础数据。

（2）紫色土区土壤侵蚀空间预测和土壤保持服务功能评价。在分析紫色土区土壤侵蚀类型、土壤侵蚀强度及影响因素的基础上，以紫色土区曲水河小流域为研究区域，利用降雨量、数字高程模型（digital elevation model，DEM)、土地利用和土壤等基础数据，采用修正通用土壤流失方程（rivised universal soil loss equation，RUSLE）进行土壤侵蚀空间预测，以揭示紫色土区土壤侵蚀空间分布规律，并对该区域土壤保持服务功能进行评价，分析坡度、土壤类型、土地利用类型等因素对该区土壤保持服务功能的影响，为水土保持措施适宜性评价和空间优化配置提供理论支撑和基础数据。

（3）水土保持措施适宜性评价指标体系与评价方法。探索水土保持措施的适宜性理论，初步建立水土保持措施适宜性的评价指标体系与评价方法，主要从两个方面来考虑，包括措施对土壤条件、自然环境条件和社会经济条件的需求，以及措施实施后产生的水土保持效益、自然环境效益和社会经济效益。建立水土保持措施适宜性评价的“双套对偶评价指标体系”：“求–供”评价指标体系，即措施要求的土壤条件、自然环境条件和社会经济条件与措施实施地所能提供的对应条件的一类指标；“产–望”评价指标体系，即措施实施后所产生的水土保持效益、自然环境效益和社会经济效益与措施实施地人们所期望的相应效益的一类指标。在水土保持措施适宜性评价指标体系的基础上，提出水土保持措施适宜性评价的数学模型，为不同空间尺度的水土保持措施适宜性评价提供理论与方法基础。

（4）不同水土保持措施适宜性的比较评价。利用中国科学院盐亭紫色土农业生态试验站和四川省遂宁水土保持试验站长期定位试验积累的丰富资料和观测数据，以四川省盐亭县林山乡林园村和四川省遂宁市聚贤乡群力村为研究区域，采用提出的水土保持措施适宜性评价指标体系和评价方法，对研究区域的梯田、等高耕作、退耕还林和退耕还草四种主要水土保持措施的适宜性大小进行评价。根据“求–供”和“产–望”两套评价指标体系，通过单项指标评价方法和综合评价模型分别计算各评价指标的适宜性指数和综合适宜性指数，当综合适宜性指数为最大时，表明该措施的适宜性程度为最大。

（5）小流域水土保持措施适宜性的空间评价。以紫色土区曲水河小流域为研究区域，选取紫色土区典型水土保持措施（梯田、等高耕作、退耕还林、退耕还草）作为评价对象。在GIS软件的支持下，对评价指标进行数字化或空间插值，个别关键指标通过一定的方法计算获得。根据提出的水土保持措施适宜性评价指标体系与评价方法，利用GIS软件的空间分析功能进行水土保持措施适宜性的空间评价，得到水土保持措施适宜性程度的空间分布图，为小流域水土保持措施空间优化配置提供科学依据和数据基础。

（6）小流域水土保持措施优化配置。小流域水土保持措施优化配置包括水土保持措施数量结构优化和空间优化配置，主要是面向优化目标，依据空间与属性数据，实现线性规划、多目标决策与GIS之间的有效耦合。首先，以流域水土保持措施生态服务功能价值为主要目标，通过建立线性规划模型进行水土保持措施数量结构优化。其次，以水土保持措施适宜性的空间评价结果为基础，在水土保持措施配置面积一定的条件下，利用GIS和启发式多目标决策方法，将各种水土保持措施按顺序逐一配置到相应的空间单元上，以地图的形式展现水土保持措施优化配置结果，为小流域综合治理提供理论基础和科学依据。

1.4.3　本书的研究方法和技术路线

本书注重土壤学、水土保持学与地理学的多学科交叉，采用理论分析、定位观测、野外调查、问卷调查和3S技术（GIS，RS，GPS）相结合的研究方法，通过多源数据的规范和集成，从不同空间尺度评价水土保持措施的适宜性。具体研究方法与手段如下。

（1）多源数据的规范和集成。对已有数据进行规范和整理，在野外调查和问卷调查的基础上，结合研究区域的基础数据和试验观测资料，建立空间和属性数据库，作为土壤性质空间预测、土壤侵蚀和土壤保持服务功能评价、水土保持措施适宜性评价的数据基础。

（2）野外定位观测。依托中国科学院盐亭紫色土农业生态试验站和四川省遂宁水土保持试验站，观测梯田、等高耕作、退耕还林、退耕还草等水土保持措施的水土流失响应特征，比较不同措施在同一区域的适宜性。

（3）RS和GIS技术。利用RS和GIS空间分析进行土壤性质空间预测、土壤侵蚀和土壤保持服务功能评价，计算水土保持措施适宜性评价指标的空间分布，评价水土保持措施适宜性的空间差异。

（4）线性规划和多目标决策方法。建立线性规划模型进行水土保持措施数量结构优化，结合 GIS 和多目标决策方法，进行小流域水土保持措施空间优化配置。

本书研究的技术路线如图 1.3 所示。

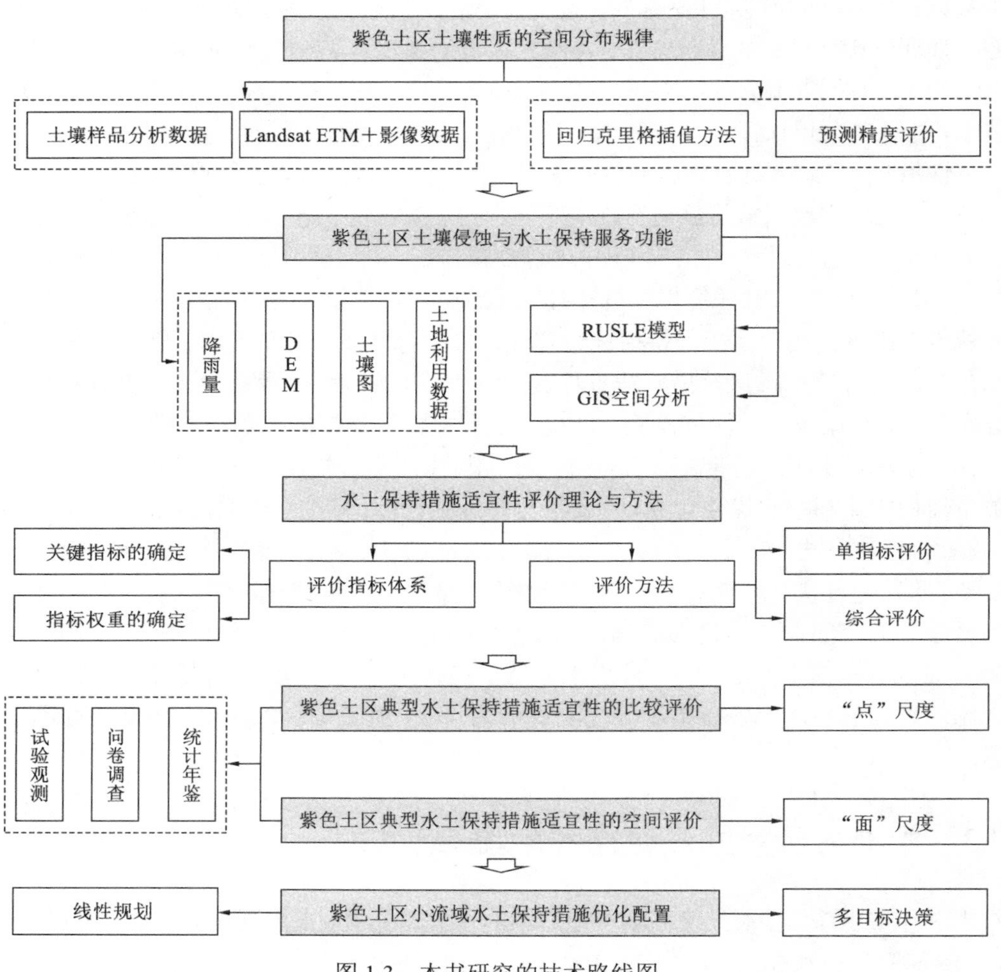

图 1.3　本书研究的技术路线图

1.4.4　本书的特色

（1）从“求–供”和“产–望”两个角度探讨水土保持措施适宜性评价指标体系与评价方法，是一种全新的思想和方法，既考虑了评价对象的时间与空间因素（“求–供”），同时也考虑了措施实施者的主观因素与措施产出的客观因素（“产–望”）。目前，现有的有关评价方法，都是一套指标体系，而且很少考虑主观与客观的因素。

（2）探讨结合水土保持措施数量结构优化和空间优化配置的小流域水土保持措施优化配置方法，实现了线性规划、多目标决策与 GIS 的有效耦合。该方法既从数量结构上采用线性规划对小流域内水土保持措施的配置比例进行优化，又从空间上通过启发式多目标决策与 GIS 空间分析的结合对小流域内措施的空间格局进行优化配置。现有的优化配置方法，一般只涉及数量结构优化和空间优化配置的一个方面，而且空间优化配置以定性研究为主。

（3）从“点”和“面”两个空间尺度评价紫色土丘陵区典型水土保持措施的适宜性，实现了评价指标体系与评价方法从小尺度应用向更大空间尺度应用的扩展，具有一定的系统性，更有利于本书研究成果在水土保持实际工作中的应用。

1.5 小 结

第 1 章为本书的总体论述，首先论述了紫色土的区域分布、主要特征及其利用现状，并说明了本书的选题背景和切入点。在系统梳理我国水土流失与水土保持概况、我国水土保持措施研究现状与发展趋势和国外水土保持措施研究进展的基础上，从水土保持措施采纳程度、世界水土保持方法与技术纵览、水土保持措施保存率、水土保持措施效益评价、水土保持措施优化配置等方面总结评述了水土保持措施适宜性与优化配置的研究进展，认为水土保持措施适宜性评价理论与评价方法及水土保持措施优化配置的研究尚显不足。基于这一理论和实践背景，提出“土壤性质空间分布特征、土壤侵蚀与土壤保持服务功能、水土保持措施适宜性评价、水土保持措施优化配置”的研究思路，探讨在 GIS 的支持下，如何从理论、方法、技术、实践等多个层次来构建水土保持措施适宜性评价指标体系与评价方法，并进行水土保持措施空间优化配置，从而为区域水土保持规划和生态环境建设服务。

第 2 章　紫色土区土壤性质的空间分布规律

2.1　土壤性质的空间变异及其影响因素

地球表面自然环境是由各自然地理要素相互联系、相互制约形成的有规律的自然综合体。空间变异，即各自然地理要素在空间分布上的不均一性，是该自然综合体的最显著特点之一。土壤作为地球表面自然地理系统的重要组成部分，是各种成土因子综合作用的产物。由于母质、气候、生物、地形、成土时间和人类活动等成土因素在地球表面具有地域差异，土壤性质在空间上也就表现出一定的变异性。母质、气候、生物、地形等自然成土因素是紫色土性质产生空间变异的内在驱动力，这些因素有利于土壤性质空间变异结构性的加强和相关性的提高，尤其是在较大的尺度水平上表现更为明显；而人类活动则是紫色土性质空间变异的外在成土因素，表现为较大的随机性，它往往对变量空间变异的结构性和相关性具有削弱作用，使土壤性质的空间分布朝均一方向发展（林芬芳，2009）。

2.1.1　母质的影响

母质是形成土壤的物质基础，它对紫色土的形成过程和土壤性质均有很大的影响。紫色土是在三叠系、侏罗系、白垩系等紫色砂、页岩上形成的。紫色土与紫色母岩的关系，表现在紫色土的颜色、理化性质、矿物组成继承紫色岩特性。

一方面，不同紫色母岩决定了各地区紫色土的色泽差别。例如，四川盆地侏罗系自流井组母岩和土壤属于暗紫色，沙溪庙组为灰棕紫色和灰紫色，遂宁组则是灰紫色和红棕紫色；白垩系城墙岩群是砖红紫色和棕红色，夹关组为红紫色；三叠系须家河组则是青灰色含条带紫色。

另一方面，紫色母岩对紫色土理化性质有很大的影响。不同紫色母岩的矿物组成的差异，导致形成的紫色土的理化性质有所不同。例如，四川盆地中部、滇中高原及皖南等地的紫色母岩中含有较多的钙质成分，因此风化成土后为石灰性紫色土；四川盆地西部和西南部紫色母岩的盐基物质少，风化成土后多呈酸性紫色土。紫色母岩与紫色土的质地也密切相关。例如，紫红色砂岩风化物上发育的土壤质地较轻，紫色泥岩风化物上发育的土壤质地较为黏重。

2.1.2　气候的影响

气候因素直接参与紫色母岩的风化，控制植物生长和微生物的活动，水分和热量条件是紫色土形成、发育的重要条件。气候对紫色土形成的影响体现在温度和湿度两个方面。

温度状况将影响紫色母岩矿物质的分解与合成、有机质的积累和分解。我国紫色土区位于中低纬度，大部分地区属于亚热带和热带湿润气候，具有气温高、热量资源丰富的特征。1 月气温、7 月气温和年均气温分别为 5～15℃、25～28℃与 15～23℃，≥10℃的年积温为 4 500～8 500℃。现今的紫红色砂泥岩都是中生代至新生代初期亚热带和热带气候作用下形成的，决定了紫色土的色泽。

湿度状况直接影响土壤中物质的积累和淋失，以及土壤中物质的分解、合成和转化过程，进而决定养料物质循环的速度。我国紫色土区具有降水多、湿度大、时空分布不均的显著特征，除局部背风河谷与盆地外，多数地区的年降水量达 1 000 mm 以上，其中东南沿海山地迎风坡超过 2 000 mm，但大部分的雨水集中在夏秋季节。多数地区年相对湿度可达 75%～80%。第四纪以来的高温多雨的亚热带与热带气候，加速了紫红色母岩的物理风化、化学风化及生物风化过程，促使了紫色土壤的形成与发育。

紫色土区的不同气候条件决定了紫色土性质的地域差异。特别是土壤 pH 由北亚热带到南亚热带几乎是呈由高到低的规律分布，另外南亚热带的紫色土发育比北亚热带要深，有向富铝化过渡的特征（李仲明　等，1991）。东南沿海高温高湿的南亚热带与热带气候，促进紫色土的淋溶过程，造成土壤通体呈酸性反应，土壤中氮、磷、钾养分贫乏。

2.1.3　植被的影响

植物在土壤形成中最重要的作用是利用太阳辐射能，合成有机质，把分散在母质、水体和大气中的营养元素有选择地吸收起来，同时伴随着矿质营养元素的有效化（黄昌勇　等，2000）。紫色土区的植被类型多样，但是由于大部分地区进行了农业开发，植被以次生林木和农业植被为主。植被是紫色土区水分热量条件和土壤肥力特征的综合反映，与紫色土的发育、演变及农业利用等均存在密切的关系。

首先，地表较好的森林植被，可促进紫色母岩的生物风化及成土过程，并形成酸性紫色土。其次，良好的植被也影响紫色土的演变过程。如四川盆地西部和西南部的酸性紫色土，在自然植被作用下则很快向黄壤化方向发展演化。最后，森林植被对减轻紫色土区土壤退化和遏制生态环境恶化起着积极作用。森林植被较好的紫色土区，植物枯枝落叶覆盖地面，土壤有机质含量丰富，土壤结构性能好，土壤的抗冲性强；反之，森林植被稀疏的紫色土区，土壤侵蚀加剧，水土流失严重。

2.1.4　地形的影响

地形是影响紫色土和环境之间进行物质、能量交换的一个重要条件，其与土壤性质的空间变异有直接的关系，因而不用地形条件下的土壤性质存在显著差异。

首先，不同的地貌形态对母质起着重新分配的作用。例如，在中生代，我国南方有一系列四周高峻而中间低陷的古湖盆，它接受周围高地区大量碎屑物质的堆积，且随着湖水的不断退缩变干，形成今日深厚的紫红色岩层。其次，地形也决定着地表水热条件的差异。例如，地表径流、地下水位、降雨、地表温度的空间差异都与地形因素有关。

紫色土主要分布于山地丘陵地区，地形对紫色土发育的影响尤为明显。紫色土丘陵区地表高差大、坡度陡，土壤侵蚀剧烈，水热状况和植被变化大，因此紫色土理化性质具有显著的空间分异特征。

2.1.5　农业土地利用的影响

紫色土是我国南方重要的土壤资源之一，加之农业土壤肥沃、水热条件良好，因此紫色土区也是我国重要的农产品生产基地或粮食主产区。紫色土分布的丘陵和低山地区，土地垦殖指数高，一般达 20%～40%，其中四川盆地高达 40%以上。虽然自然成土因素在紫色土的形成和长期演化过程中起着重要作用，但自人类进入农业社会以来更多地受到农业生产活动的影响。农业土地利用主要通过农作物种植、耕作、施肥、灌溉等方式对自然成土因素起作用，进而改变紫色土的发育程度和发育方向。

但是，农业土地利用对紫色土的影响具有两面性。合理的土地利用有助于紫色土土壤肥力的提高；反之，利用不当就会破坏土壤，甚至导致严重的土壤退化问题。例如，不同农作物种植结构对土壤肥力质量产生不同的影响；劳动力投入的差异、肥料种类不同，以及由此产生的管理方式的不同，造成耕地土壤养分不平衡的状况，而 N、P、K 与有机肥长期配合施用能明显提高土壤有机质和养分含量，增强土壤酶活性；在相同的土地利用方式下，农药可显著抑制土壤酶活性，也会造成土壤物理化学性质的区域异质性；不合理的农田机械作业会造成土壤紧实度增加，这不仅会改变土壤的物理、化学和生物学性质，而且会使农作物生长以及土壤生物活动受到影响；灌溉形式和灌溉时间对土壤物理化学性质及土壤酶活性具有复杂的影响效应，而这些效应是决定耕地土地肥力质量能否提高的重要因素。此外，保护性农业技术的应用对土壤肥力质量有显著影响，如秸秆还田、免耕、少耕等可以改善土壤条件，提高土壤肥力质量。

2.2　土壤性质空间插值方法

土壤性质空间插值的基本依据是，土壤性质在空间分布上存在相关性，即空间某点的土壤属性值与其邻近样点相应属性值存在不同程度的空间自相关性（刘付程　等，2003）。以这一理论为依据，在 GIS 支持下利用有限的土壤性质采样点数据，通过一定的数学方法进行空间插值，从而可以生成土壤性质的连续空间分布图。目前，常用的土壤性质空间插值方法包括样条函数法、反距离加权法、趋势面法、克里格法、人工神经网络法等。

2.2.1 样条函数法

样条函数（spline function）法是以最小曲率面来充分逼近各采样点的插值法，包含的多项式可以将一系列线和曲面光滑地连接在一起，曲面在采样点处的值与实际观测值基本一致，并使采样点处曲面的曲率保持最小（Franke，1982）。这种多项式拟合最大的缺陷在于除通过采样点外，没有其他任何限制，导致所拟合的值在采样点与周围的点差距可能较大（史文娇 等，2012）。因此，样条函数法适合于非常平滑的表面，并要求函数具有连续的一阶和二阶导数。其表达式为

$$S(x,y)=T(x,y)+\lambda_i R(d_i),\quad i=1,\cdots,n \tag{2.1}$$

式中：$S(x,y)$ 为待估点 (x,y) 的土壤属性估计值；n 为采样点数目；λ_i 为方程系数；d_i 为待估点到第 i 个采样点的距离；$T(x,y)$ 和 $R(d_i)$ 为随不同的样条插值法而具有不同的表达式。

2.2.2 反距离加权法

反距离加权法（inverse distance weighted，IDW）是基于相近相似原理的一种局部估计加权平均插值方法，权重与观测点和预测点之间的距离负相关（龙军 等，2014）。该方法假设任何一个观测值都对邻近的区域有影响，且这种影响的大小随着与采样点距离的增大而减小。反距离加权法的通用公式如下：

$$\hat{Z}(s_0)=\sum_{i=1}^{N}\lambda_i Z(s_i) \tag{2.2}$$

式中：$Z(s_i)$ 为第 i 个位置的采样点的土壤性质值；λ_i 为在第 i 个位置上的采样点的权重，并且随着距离的增加而减小；N 为采样点的数量；$\hat{Z}(s_0)$ 为预测点第 s_0 个位置上的值，是未知的。确定权重 λ_i 的公式如下：

$$\lambda_i = d_{i0}^{-p}\Big/\sum_{i=1}^{N}d_{i0}^{-p},\quad \sum_{i=1}^{N}\lambda_i=1 \tag{2.3}$$

式中：d_{i0} 为预测点 s_0 到采样点 s_i 的距离；权重 λ_i 随预测点与采样点之间的距离 d_{i0} 增加的快慢用指数 p 控制；p 为估值前确定的幂指数，通常取值为 2（朱吉祥 等，2012）。

2.2.3 趋势面法

趋势面法是通过全局多项式插值法将由数学函数（多项式）定义的平滑表面与输入采样点进行拟合，从而产生一个最小二乘曲面。趋势表面会逐渐变化，并捕捉数据中的粗尺度模式。一般情况下，趋势面在采样点的估计值代表了土壤性质在该点的趋势值，很少能与原始的采样点数据相一致，两者之间存在的差值称为残差。因此趋势面法从空间的角度诠释了采样区域土壤性质的趋势和残差，当趋势和残差能分别与区域或局部尺度的

空间过程相联系时，趋势面分析也就显得最有价值（刘付程 等，2003）。趋势面法可以定义为

$$\boldsymbol{Y}=\boldsymbol{X\theta}+e \tag{2.4}$$

式中：$\boldsymbol{Y}$ 为 $n\times1$ 维矩阵，对应于 n 个采样点的观测值；$\boldsymbol{X}$ 为 n 个采样点的坐标矩阵；$\boldsymbol{\theta}$ 为趋势面参数矩阵；e 为残差，通常是一个独立的随机变量，它受趋势面的次数影响明显。根据趋势面方法的特性，它的目标有时并非最佳拟合，而是把数据分成区域趋势组分和局部的残差（李新 等，2003）。

近年来，随着高精度曲面建模方法（high accuracy surface modeling，HASM）在精度和速度方面的不断提高，土壤性质的高精度曲面建模日益发展。高精度曲面建模方法是应用采样点数据通过一系列迭代计算对土壤性质曲面进行全局模拟，进而对未采样点的土壤性质进行插值的方法。该方法不仅要在整体上保证土壤属性值的趋势情况，而且在空间变异的细节捕捉上具有一定优势（史文娇 等，2011）。

2.2.4　克里格法

克里格（Kriging）法是假设被插值的某要素（如土壤性质）可以被当作一个区域化的变量来看待，要求该变量相近的点之间具有一定程度上的空间相关性，并随着相隔距离的增加逐渐减弱。克里格法是一种无偏线性最优插值方法。对土壤性质在点 x_0 处的估计值 $Z^*(x_0)$，可以通过该点影响范围内的 n 个实测值 $Z(x_i)$ 的线性组合得到，其估值公式为

$$Z^*(x_0)=\sum_{i=1}^{n}\lambda_i Z(x_i) \tag{2.5}$$

式中：λ_i 为赋予不同采样点实测值的权重，并且其和等于 1。λ_i 的确定是在保证估值无偏性（即估值偏差的平均值为 0）和最优性（即估值方差最小）的条件下由适合的半方差函数模型计算得到。半方差函数 $\gamma(h)$ 可用下式表达：

$$\gamma(h)=\frac{1}{2N(h)}\sum_{i=1}^{N(h)}\left[Z(x_i)-Z(x_i+h)\right]^2 \tag{2.6}$$

式中：h 为采样点间的距离，称为步长；$N(h)$ 为相距为 h 的样点对数目；$Z(x_i)$ 和 $Z(x_i+h)$ 分别为区域化变量 $Z(x)$ 在位置 x_i 和 x_i+h 处的实测值。

2.2.5　人工神经网络法

人工神经网络（artificial neural network，ANN）是在人类对其大脑神经网络认识理解的基础上人工构造的能够实现某种功能的神经网络。它实际上是由大量简单元件相互连接而成的复杂网络，具有高度的非线性，能够进行复杂的逻辑操作和非线性关系实现的系统。近年来，随着人工神经网络技术的发展其用途日益广泛，应用领域也在不断拓展，已在土壤性质空间预测方面得到广泛的应用。

人工神经网络能建立一个非线性隐层的前馈网络，能以任意精度逼近任意复杂度的

函数。所以，人工神经网络也完全可以用于研究像土壤属性空间预测这类面插值问题，并且它对训练样本数据没有任何要求和限制。与传统的方法比较，人工神经网络方法更有利于地理位置和土壤属性相互关系的确定及土壤属性准确的插值，有利于信息空间分布特性准确、直观地表达（陈飞香 等，2013）。

一个人工神经网络的神经元模型和结构描述了一个网络如何将它的输入矢量转化为输出矢量的过程。这个转化过程从数学角度来看就是一个计算的过程。也就是说，人工神经网络的实质体现了网络输入和其输出之间的一种函数关系。通过选取不同的模型结构和激活函数，可以形成各种不同的人工神经网络，得到不同输入输出关系式，并达到不同的设计目的，完成不同的任务（丛爽，2009）。

神经元是人工神经网络的基本处理单元，它一般是一个多输入/单输出的非线性元件。神经元输出除受输入信号的影响外，也受到神经元内部其他因素的影响，所以在人工神经元的建模中，常常还有一个额外输入信号，称为偏差（bias），有时也称为阈值或门限值。

一个神经元具有 r 个输入分量，输入分量 $p_j(j=1,2,\cdots,r)$ 通过和它相乘的权值分量 $w_j(j=1,2,\cdots,r)$ 相连，以 $\sum_{j=1}^{r} w_j p_j$ 的形式求和后，形成激活 $f(\cdot)$ 的输入。激活函数的另一个输入是神经元的偏差 b。将两个或更多的简单的神经元并联起来，使每个神经元具有相同的输入矢量 $\boldsymbol{P}$，即可组成一个神经元层，其中每一个神经元产生一个输出，形成由 r 个输入分量、s 个神经元组成的单层神经元网络。将两个以上的单层神经网络级联起来则组成多层神经网络。一个人工网络可以有许多层，每层都有一个权矩阵 $\boldsymbol{W}$、一个偏差矢量 $\boldsymbol{B}$ 和一个输出矢量 $\boldsymbol{A}$。

网络结构具有 r 个输入矢量，第一层有 s_1 个神经元，第二层有 s_2 个神经元。一般情况下，不同层有不同的神经元数目，每个神经元都带有一个输入为常数 l 的偏差值。多层网络的每层起着不同的作用，最后一层成为网络的输出，称为输出层，所有其他层称为隐含层。

2.3　紫色土区土壤性质的空间分布预测

由于受各种自然生态过程和农业生产活动的影响，紫色土区的土壤性质具有较强的空间异质性（李启权 等，2013），其空间分布预测的精度和可靠性尚有待提高（张国平 等，2013）。因此，探讨紫色土区土壤性质的空间预测方法，掌握紫色土区土壤性质的空间分布规律，对于指导紫色土区农业生产和水土保持具有重要意义。

近年来，国内外学者采用地统计方法对土壤性质的空间变异进行了大量研究（刘祖香 等，2013）。普通克里格法是在给定一个随机过程的实测值的条件下，对未采样点的取值进行线性无偏最优估计，是土壤属性空间预测中应用最为广泛的随机插值方法之一（李艳 等，2006）。但是，高精度的土壤性质空间预测图需要高密度的采样点；同时，该方法较少考虑影响土壤性质空间分布的过程性因素，无法全面地模拟环境因子的影响（张素梅　等，2010）。协同克里格法可以分析土壤性质与其他土壤属性之间的相互依赖性和地域性，不仅能够利用目标变量预测变量的相关性，同时也可以利用预测变量与目标变量的空间变异结构的相似性来提高预测精度（郭龙　等，2012）。但是，协同克里格法存在两方面的缺陷，一是辅助变量与土壤性质要具有高度相关性，二是辅助变量需要更大的采样密度（Wu et al.，2009）。回归克里格法将多元线性回归与普通克里格法相结合，其方法简单易行，辅助信息获取容易；大量研究表明该方法是提高土壤性质空间预测精度和可靠性的有效途径之一（陈锋锐　等，2012）。另外，遥感数据作为反映土壤和植被信息的数据源被用于回归克里格法的土壤性质空间预测表现出较大的优势（张素梅　等，2010）。

本研究选择四川省紫色土区的典型小流域为研究区，以 Landsat ETM+影像各波段地表反射率为辅助变量，利用回归克里格法相结合的方法，对该区域的土壤性质进行空间预测，旨在为紫色土区农业生产和土壤改良中准确获取土壤性质的空间分布信息，并提供科学依据（代富强　等，2014）。

2.3.1　小流域概况与数据来源

1. 小流域概况

研究区是位于四川省南充市嘉陵区大通镇的杜家沟小流域，为典型的紫色土丘陵区，流域总面积 45.62 km^2。流域地貌以中丘和低丘为主，沟谷开阔，地势西北高东南低，最高海拔 459 m，最低海拔 278 m。流域土壤以红棕紫泥土和棕紫泥土为主，土体较厚，呈微碱性，土壤养分较为丰富，质地多为壤质黏土，保水性能差，易产生水土流失。研究区属中亚热带温暖湿润气候区，年平均降雨量 1 011 mm，降雨主要集中在夏季，且多暴雨。土地利用以耕地、园地和林地为主。乔木以柏木、桤木为主；灌木以黄荆、马桑为主。

2. 土壤样品采集与分析

综合考虑地形、土壤类型和土地利用方式等因素，在杜家沟小流域共布设 140 个采样点（图 2.1）。土壤采样时间为 2007 年 11 月，采用混合样采集方法，采样深度为 0～20 cm。利用 GPS 和地形图确定采样点坐标和海拔，并记录作物类型、耕作方式等信息。土壤样品经自然风干后拣出可见的植物根系和残体，在玛瑙碾钵内碾磨，经 60 目（0.25 mm）尼龙筛后，采用重铬酸钾氧化–外加热法测定土壤有机质含量（刘光崧　等，1996）。

3. Landsat ETM+影像数据

遥感数据采用与土壤采样相同日期接收的 Landsat ETM+影像，来源于中国科学院计算机网络信息中心地理空间数据云平台（http://www.gscloud.cn/）。影像经过系统辐射校正和地面控制点几何校正，并且通过 DEM 进行了地形校正。Landsat ETM+影像在第 1～5 波段及第 7 波段的空间分辨率为 30 m。

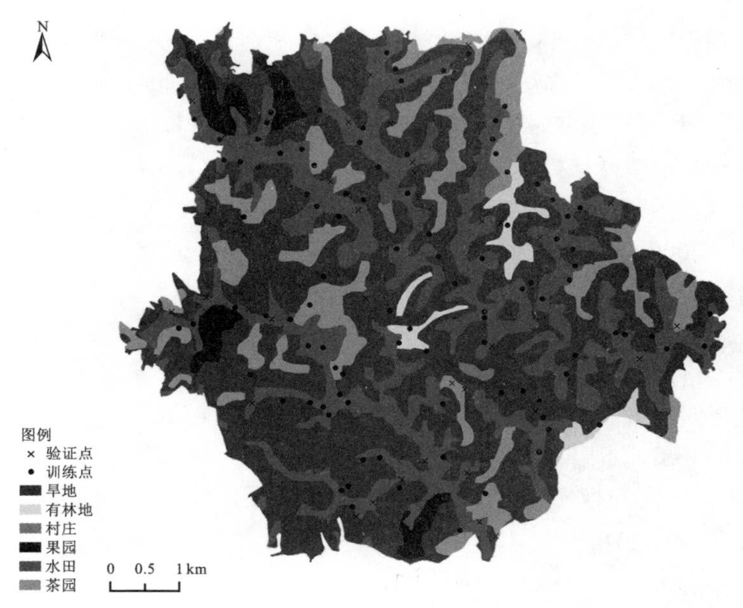

图 2.1 研究区土地利用及采样点分布图

2.3.2 回归克里格法

回归克里格法，通过建立辅助变量和目标变量之间的回归方程，分离趋势项，然后对残差采用普通克里格法进行插值，最后将回归预测的趋势项和残差的普通克里格法估计值相加，从而得到目标变量的预测值（Hengl et al.，2004）。

（1）在 SPSS 软件支持下，利用遥感影像各波段的地表反射率进行土壤性质的逐步回归拟合，得到最优的土壤性质多元线性回归模型：

$$\hat{Z}_{\mathrm{MLR}}(x)=\sum a_i v_i(x)+a_0 \tag{2.7}$$

式中：$\hat{Z}_{\mathrm{MLR}}(x)$ 为土壤性质在空间某点的预测值；v_i 为决定土壤性质的变量；a_0 为系数。

（2）根据多元线性回归模型参数得到土壤性质回归预测值及回归预测的残差值：

$$r(x_i)=Z(x_i)-\hat{Z}_{\mathrm{MLR}}(x_i) \tag{2.8}$$

式中：$r(x_i)$为土壤性质在 x_i 点的回归预测残差值；$Z(x_i)$为土壤性质在 x_i 点的实测值。

运用 GS+地统计软件对土壤性质回归残差值进行半方差分析，得到最优的半方差模型，并进行土壤性质回归残差值的普通克里格插值：

$$\hat{r}_{\mathrm{OK}}(x_0)=\sum_{i=1}^{n}\lambda_i r(x_i) \tag{2.9}$$

$$\hat{\gamma}(h)=\frac{1}{2N(h)}\sum_{i=1}^{N(h)}\left[r(x_i)-r(x_i+h)\right]^2 \tag{2.10}$$

式中：$\hat{r}_{\mathrm{OK}}(x_0)$ 为土壤性质回归残差值在 x_0 点的回归预测值；λ_i 为赋予不同采样点实测值的权重；$\hat{\gamma}(h)$ 为半方差函数；$N(h)$ 为相距为 h 的样点对数量；$r(x_i+h)$ 为土壤性质在 x_i+h 点的实测值。

（3）运用 ArcGIS 的栅格计算功能把土壤性质回归预测值和残差的插值结果进行空间加运算，得到土壤性质的空间预测图：

$$\hat{Z}(x_i)=\hat{Z}_{\mathrm{MLR}}(x_i)+\hat{r}_{\mathrm{OK}}(x_i) \tag{2.11}$$

式中：$\hat{Z}(x_i)$ 为土壤性质在 x_i 点的预测值。

2.3.3　土壤性质空间预测精度评价

通常用来评价插值方法预测精度的验证方法包括交叉数据验证和独立数据集验证。相比而言，独立数据集验证更能严格地描述空间预测误差（Alsamamra et al.，2009）。因此，本章采用独立数据集验证法评价回归克里格法的预测精度，并与反距离权重法、径向基函数法、普通克里格法的预测精度进行比较。

通过 ArcGIS 将 140 个采样点随机分为 100 个训练点和 40 个验证点。通过验证点土壤有机质含量的预测值与实测值的相关系数（R^2）、平均误差（mean error，ME）、平均绝对误差（mean absolute error，MAE）、均方根误差（root mean square error，RMSE）4 个指标来评价预测方法的精度。ME 是预测无偏的量度，越接近 0 越表明方法是无偏的；MAE 和 RMSE 是预测精度的量度，它们越小则说明插值方法越精确。其公式为

$$\mathrm{ME}=\frac{1}{n}\sum_{i=1}^{n}\left[\hat{Z}(x_i)-Z(x_i)\right] \tag{2.12}$$

$$\mathrm{MAE}=\frac{1}{n}\sum_{i=1}^{n}\left|\hat{Z}(x_i)-Z(x_i)\right| \tag{2.13}$$

$$\mathrm{RMSE}=\sqrt{\frac{1}{n}\sum_{i=1}^{n}\left[\hat{Z}(x_i)-Z(x_i)\right]^2} \tag{2.14}$$

式中：$\hat{Z}(x_i)$ 和 $Z(x_i)$ 分别为土壤有机质含量在 x_i 点的预测值和实测值；n 为验证点数量。

2.3.4　基于回归克里格法和遥感的土壤性质空间预测

1. 土壤性质描述统计分析

从杜家沟小流域 140 个采样点的土壤性质的统计特征得到以下结论。

（1）有机质。土壤有机质含量的最小值为 7.6 g/kg，最大值为 34.6 g/kg，平均值为 16.93 g/kg，变异系数为 44.96%，属中等变异强度。偏度系数为 0.63，峰度系数为−1.05，K-S 正态性检验的结果表明（Z=0.444，P=0.000），该区土壤有机质含量不服从正态分布。

（2）全氮。土壤全氮含量的最小值为 0.42 g/kg，最大值为 1.84 g/kg，平均值为 0.98 g/kg，变异系数为 37.40%，属中等变异强度。偏度系数为 0.55，峰度系数为−0.95，K-S 正态性检验的结果表明（Z=2.054，P=0.000），该区土壤全氮含量不服从正态分布。

（3）碱解氮。土壤碱解氮含量的最小值为 48.00 mg/kg，最大值为 239.00 mg/kg，平均值为 129.20 mg/kg，变异系数为 29.52%，属中等变异强度。偏度系数为 0.51，峰度系数为

−0.50，K-S 正态性检验的结果表明（Z=2.395，P=0.000），该区土壤碱解氮含量不服从正态分布。

（4）有效磷。土壤有效磷含量的最小值为 1.80 mg/kg，最大值为 20.50 mg/kg，平均值为 6.09 mg/kg，变异系数为 37.69%，属中等变异强度。偏度系数为 1.95，峰度系数为 10.25，K-S 正态性检验的结果表明（Z=1.244，P=0.091），该区土壤有效磷含量为正态分布。

（5）速效钾。土壤速效钾含量的最小值为 58.00 mg/kg，最大值为 167.00 mg/kg，平均值为 91.39 mg/kg，变异系数为 20.75%，属中等变异强度。偏度系数为 1.57，峰度系数为 3.86，K-S 正态性检验的结果表明（Z=1.498，P=0.022），该区土壤速效钾含量不服从正态分布。

比较各土壤性质在训练集和验证集中的统计特征（表 2.1），可以发现各土壤性质在两个数据集中的平均值、标准差、变异系数除个别点相差较大外，其余均比较接近，而最小值、最大值除碱解氮和有效磷外，其余土壤性质在两个集中数据的最小值、最大值也比较接近。因此，随机划分的训练集和验证集的土壤性质数据与全部样点具有相似的统计特征，能较好地代表原始数据。

表 2.1　杜家沟小流域土壤性质描述性统计特征

土壤性质	有机质		全氮		碱解氮		有效磷		速效钾	
数据集	训练集	验证集	训练集	验证集	训练集	验证集	训练集	验证集	训练集	验证集
样点数/个	100	40	100	40	100	40	100	40	100	40
最小值	7.6	7.6	0.42	0.45	48.00	74.00	1.80	2.80	58.00	68.00
最大值	32.4	34.6	1.84	1.81	207.00	239.00	20.50	10.50	162.00	167.00
平均值	17.34	15.91	0.99	0.94	129.34	128.85	6.19	5.83	89.91	95.10
标准差	7.71	7.35	0.37	0.36	38.23	38.42	2.46	1.80	17.55	21.92
变异系数/%	44.49	46.17	37.17	38.23	29.55	29.82	39.80	30.94	19.52	23.05
偏度系数	0.5	1.01	0.46	0.84	0.31	1.04	2.11	0.36	1.36	1.74
峰度系数	−1.32	0.05	0.24	0.37	0.24	0.37	0.24	0.37	0.24	0.37

注：土壤性质的最小值、最大值、平均值、标准差的单位：有机质为 g/kg，全氮为 g/kg，碱解氮为 mg/kg，有效磷为 mg/kg，速效钾为 mg/kg

2. 土壤性质与遥感影像的相关性分析

从遥感影像各波段地表反射率之间的相关性分析结果可知（表 2.2），波段 1～3 之间呈显著正相关关系，相关系数均接近 0.8；波段 4、5、7 之间同样呈显著正相关关系，其中波段 5 和 7 的相关系数达到 0.939。陈锋锐等（2012）的研究也发现，遥感影像各波段的地表反射率之间存在较大的信息冗余，需要通过筛选手段以确定最佳的波段或者波段组合。

紫色土有机质及 N、P、K 等多种营养元素在作物的生长发育过程中起着重要的作用。土壤性质与遥感影像多数波段地表反射率具有显著的相关性，有机质含量越高、土壤养分越丰富的地块，植被（或农作物）覆盖度和生物量相应也较大（王祥峰 等，2015）。如表2.2所示，土壤有机质含量、全氮含量、碱解氮含量与波段2、4、5、7的相关性均达到显著水平（$P<0.01$），这4个波段可以作为这3个土壤性质预测的潜在辅助变量。土壤有效磷含量和速效钾含量与波段5、7的相关性均达到显著水平（$P<0.01$），这两个波段可以作为这两个土壤性质预测的潜在辅助变量。此外，土壤速效钾含量还与波段4的相关性达到显著水平（$P<0.01$），波段4可以作为土壤速效钾含量预测的潜在辅助变量。波段1和3与各土壤性质的相关系数小且未达到显著水平。

表2.2　土壤性质与遥感影像各波段地表反射率之间的相关性

项目	有机质	全氮	碱解氮	有效磷	速效钾	ETM1	ETM2	ETM3	ETM4	ETM5	ETM7
有机质	1	0.954**	0.863**	0.329**	0.505**	0.141	0.245**	0.044	−0.369**	−0.590**	−0.544**
全氮		1	0.877**	0.358**	0.509**	0.163	0.276**	0.047	−0.335**	−0.556**	−0.522**
碱解氮			1	0.326**	0.410**	0.139	0.211**	0.014	−0.349**	−0.557**	−0.520**
有效磷				1	0.434**	0.019	0.056	0.074	−0.188	−0.266**	−0.227**
速效钾					1	−0.057	−0.020	−0.046	−0.288**	−0.392**	−0.354**
ETM1						1	0.848**	0.851**	0.082	0.219**	0.391**
ETM2							1	0.780**	0.205**	0.171*	0.287**
ETM3								1	0.001	0.247**	0.478**
ETM4									1	0.788**	0.616**
ETM5										1	0.939**
ETM7											1

注：ETM1、ETM2、ETM3、ETM4、ETM5、ETM7代表Landsat ETM+影像数据的1、2、3、4、5、7波段；*、**分别表示相关性达到显著水平（$P<0.05$，$P<0.01$）。

但是，从相关分析的结果可知，波段4、5、7之间的相关性较大，存在较大的信息冗余，需要从中选择一个波段作为土壤性质预测的最佳辅助变量。因此，本章采用多元线性逐步回归对遥感影像各波段的地表反射率进行筛选。

3. 土壤性质的多元线性回归预测

以遥感影像各波段的地表反射率为自变量，对研究区土壤性质进行多元线性回归分析，逐步拟合过程和模型参数见表2.3。结果显示，除波段5是各土壤性质多元线性回归预测的共同最佳辅助变量外，土壤有机质含量、全氮含量、碱解氮含量的辅助变量还有波段2。值得注意的是，通过多元线性逐步回归分析，波段3成为土壤全氮含量多元线性回归预测的辅助变量之一。从模型的拟合过程来看，方程的决定系数均不高，其中土壤有机质含量、全氮含量和碱解氮含量的最优模型决定系数分别为0.471、0.476、0.407，说明回归方程对这3个土壤性质的方差解释量接近50%。土壤有效磷含量和速效钾含量的最优模型决定系数较低，回归方程对这两个土壤性质的方差解释量均不到20%。

表 2.3　土壤性质多元线性回归模型拟合过程

土壤性质	模型	ETM1	ETM2	ETM3	ETM4	ETM5	ETM7	常数项	决定系数 R^2	F	Sig.
有机质	1	—	—	—	—	−0.374	—	38.243	0.348	52.322	0.000
	2	—	0.878	—	—	−0.413	—	−1.330	0.471	43.207	0.000
全氮	1	—	—	—	—	−0.017	—	1.930	0.309	43.854	0.000
	2	—	0.045	—	—	−0.019	—	−0.096	0.451	39.832	0.000
	3	—	0.068	−0.020	—	−0.018	—	−0.340	0.476	29.071	0.000
碱解氮	1	—	—	—	—	−1.749	—	227.098	0.310	44.009	0.000
	2	—	3.856	—	—	−1.918	—	53.295	0.407	33.229	0.000
有效磷	1	—	—	—	—	−0.054		9.202	0.071	7.446	0.008
速效钾	1					−0.565		121.477	0.153	17.751	0.000

注：ETM1、ETM2、ETM3、ETM4、ETM5、ETM7 代表 Landsat ETM+影像数据的 1、2、3、4、5、7 波段；F 为方差分析 F 统计量；Sig.为显著性水平（a=0.05）

陈锋锐等（2012）的研究中同样利用波段 2 和波段 5 进行土壤有机质含量多元线性回归预测，其决定系数为 0.51，与本研究结果基本一致。张素梅等（2010）选择地形因子和遥感植被指数，应用逐步回归方法拟合的全氮多元线性回归方程，其决定系数为 0.19。张国平等（2013）结合地形因子和土地利用类型，运用多重线性回归构建了土壤养分预测模型，其碱解氮含量的决定系数为 0.35，有效磷含量和速效钾含量的决定系数仅为 0.08 和 0.03。由此可见，多元线性回归模型只能分离性质空间分布的趋势项（即确定性部分），而随机性部分应采用克里格插值法进行估计。

4. 土壤性质回归预测残差的半方差分析

回归克里格法是基于回归残差保留了目标变量固有的空间结构这一假设，该方法只有当残差的空间相关性较明显时才有效（邱乐丰 等，2010）。从表 2.4 可以看出，各土壤性质回归残差的最优半方差函数模型均为球状（spherical）模型，其决定系数为 0.374～0.919，说明模型的拟合精度较高，能较好地反映各土壤性质的空间结构特征。

表 2.4　土壤性质及其回归预测残差的半方差模型参数

变量	模型	块金值	基台值	块金值/基台值/%	变程/m	决定系数 R^2
有机质	球状	7.96	29.50	26.98	471	0.576
有机质回归残差	球状	16.70	52.12	32.04	534	0.919
全氮	球状	0.52	1.77	28.25	393	0.482
全氮回归残差	球状	0.91	2.63	34.60	482	0.829
碱解氮	球状	56.33	178.45	31.57	397	0.472
碱解氮回归残差	球状	102.81	213.06	48.25	296	0.787
有效磷	球状	1.59	5.67	28.04	346	0.374

续表

变量	模型	块金值	基台值	块金值/基台值/%	变程/m	决定系数 R^2
有效磷回归残差	球状	3.15	7.31	43.09	541	0.642
速效钾	球状	101.00	313.00	32.26	657	0.461
速效钾回归残差	球状	117.10	265.00	44.19	875	0.750

块金效应（块金值与基台值之比）反映土壤属性空间相关性的强度，该值越高，说明由结构性因素引起的空间变异程度越大，反之则由随机性部分引起的空间变异程度越大。本研究中各土壤性质回归残差的块金效应最小值为 26.98%，最大值为 48.25%，均在 25%～75%，具有中等的空间相关性，表明除施肥、种植制度等人类活动对土壤有机质含量的空间变异有一定影响外，植被等结构性因素也起了重要作用。另外，土壤性质回归残差的块金效应和变程与土壤性质原始数据相比变化不大，基本保留了原始变量的空间结构特征。

2.3.5　土壤性质的空间分布特征

1. 有机质

采用回归克里格法、反距离权重法、径向基函数法、普通克里格法对研究区土壤有机质含量进行空间预测，空间分辨率为 30 m，结果如图 2.2 所示。总体来看，这 4 种方法得到的土壤有机质含量的空间分布规律具有一定的相似特征，即土壤有机质含量呈由沟谷逐渐向坡顶递减的趋势，高值主要分布于沟谷两侧的耕地，低值主要分布在丘陵的坡顶和坡度较大的部位。这与前人的相关研究结果一致，主要是因为在紫色土丘陵区随着海拔和坡度的增加，土壤侵蚀强度增大，土壤有机质容易产生流失，从而导致海拔较高、坡度较大的区域土壤有机质含量较低，而地势低洼的沟谷两侧土壤有机质容易富集（李启权等，2013）。

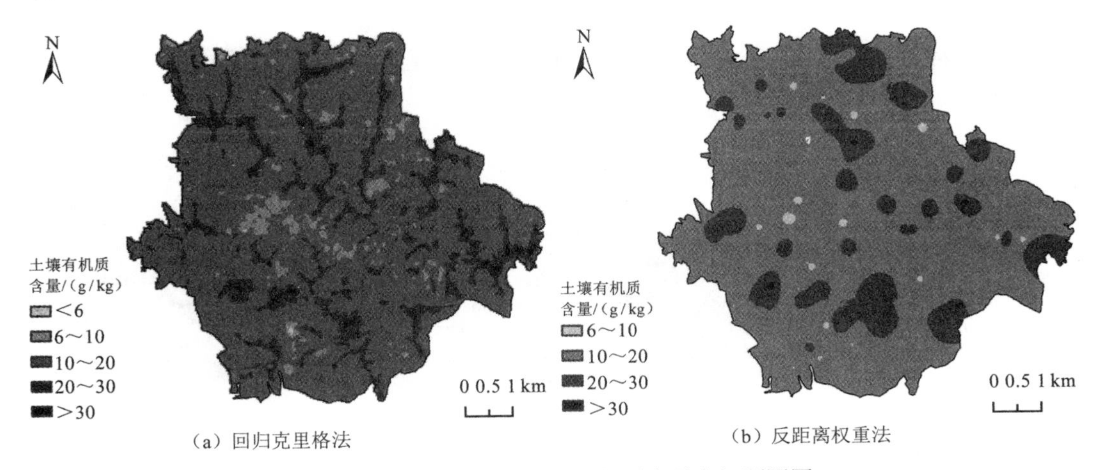

（a）回归克里格法　（b）反距离权重法

图 2.2　杜家沟小流域土壤有机质含量空间预测图

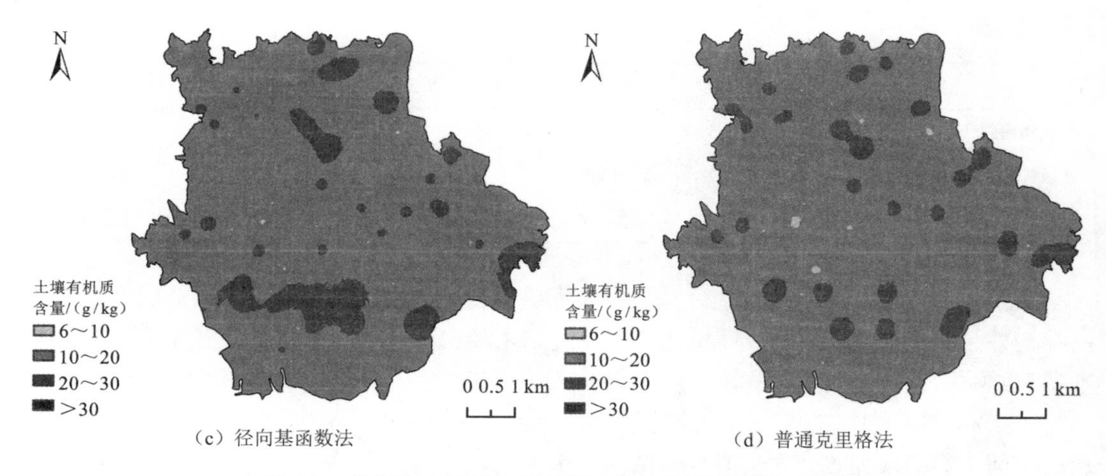

（c）径向基函数法　　（d）普通克里格法

图 2.2　杜家沟小流域土壤有机质含量空间预测图（续）

不同预测结果中，反距离权重法、径向基函数法、普通克里格法的预测结果比较平滑，高值区和低值区块状分布明显。相比之下，回归克里格法的预测结果空间变异比较复杂，更好地表达了研究区土壤有机质含量的局部空间变异的细节信息。从预测结果的值域范围来看，普通克里格法预测结果范围最小（8.24～31.29 g/kg），并且小于采样数据的值域范围，表明该方法的平滑效应最明显，导致较高值被过低估计，较低值被过高估计。其他 3 种方法的值域范围大体相当，其中回归克里格法预测结果的最小值、最大值和平均值分别为 7.43g /kg、35.01 g/kg 和 16.87 g/kg，与研究区土壤有机质含量统计特征最接近。

2. 全氮

采用回归克里格法、反距离权重法、径向基函数法、普通克里格法对研究区土壤全氮含量进行空间预测，空间分辨率为 30 m，结果如图 2.3 所示。总体来看，回归克里格法得到的土壤全氮含量高值区和低值区呈由沟谷逐渐向坡顶递减的趋势，空间分布趋势明显，而反距离权重法、径向基函数法、普通克里格法得到的土壤全氮含量呈块状分布，空间分

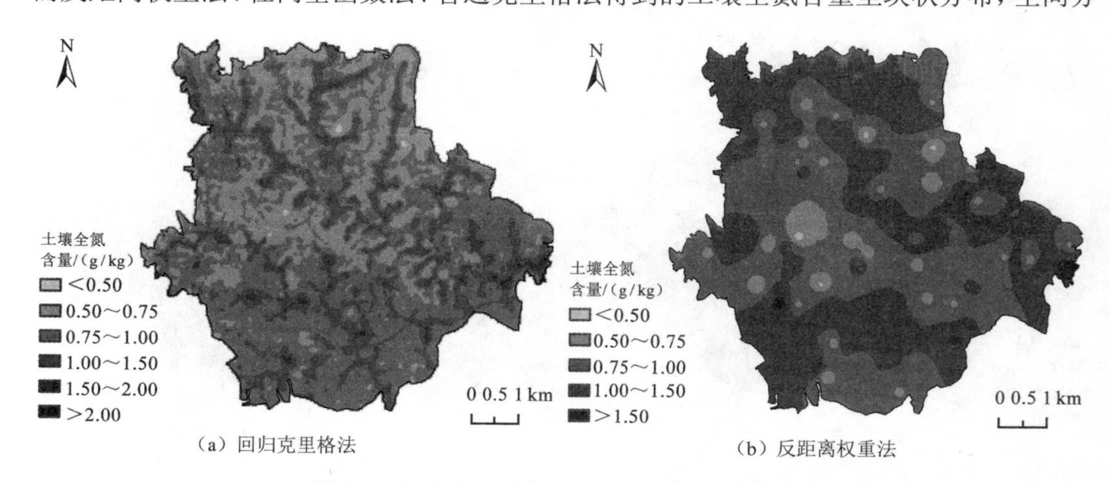

（a）回归克里格法　　（b）反距离权重法

图 2.3　杜家沟小流域土壤全氮含量空间预测图

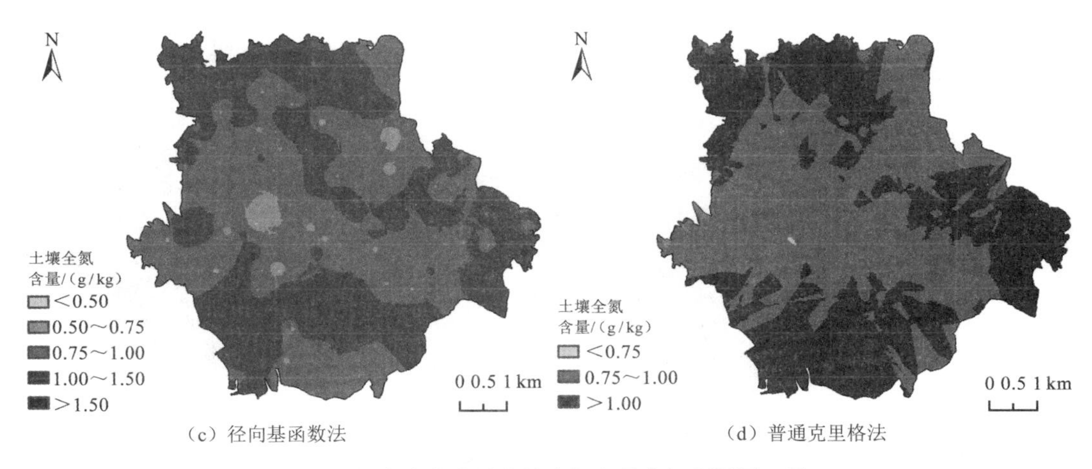

(c) 径向基函数法　　(d) 普通克里格法

图 2.3　杜家沟小流域土壤全氮含量空间预测图（续）

布趋势不明显。但是，不同方法的土壤全氮含量的空间预测结果比较相似，高值区和低值区的位置和范围基本一致。

不同预测结果中，反距离权重法、径向基函数法、普通克里格法的预测结果比较平滑，高值区和低值区块状分布明显。相比之下，回归克里格法的预测结果空间变异比较复杂，高值区内包含明显的低值部分，更好地表达了研究区土壤全氮含量的局部空间变异的细节信息。可明显看出，土壤全氮和有机质含量的空间分布特征相似，其含量在地势低洼的冲沟明显高于丘坡和丘顶，与相关分析结果一致（李启权　等，2013）。从预测结果的值域范围来看，普通克里格法预测结果范围最小（0.72～1.18 g/kg），同样小于采样数据的值域范围，表明该方法的平滑效应最明显，导致较高值被过低估计，较低值被过高估计。其他 3 种方法的值域范围大体相当，其中回归克里格法的预测结果的最小值、最大值和平均值分别为 0.39 g/kg、2.02 g/kg 和 0.90 g/kg，与研究区土壤全氮含量统计特征最接近。

3. 碱解氮

采用回归克里格法、反距离权重法、径向基函数法、普通克里格法对研究区土壤碱解氮含量进行空间预测，空间分辨率为 30 m，结果如图 2.4 所示。从图 2.4 可以看出土壤碱解氮含量和全氮含量的空间分布特征比较相似，回归克里格法得到的土壤碱解氮含量的空间分布趋势更加明显，高值区均分布于沟谷两侧的阶地，低值区主要分布于山脊上，而山脊与沟谷之间的坡地为过渡区。

不同预测结果中，普通克里格的土壤碱解氮含量插值最为光滑，它的预测结果范围同样在 4 种方法中最小（107.56～149.99 mg/kg），这是因为普通克里格法具有平滑效应，曲面的变异较实测值小，使得插值生成的曲面中的高值被低估，而低值被高估（史文娇　等，2011）。回归克里格法引入了遥感数据作为多元线性回归的辅助变量，不仅削弱了普通克里格法的平滑作用，并且在地表植被的各类别的突变边界区域有明显的变异。回归克里格法、反距离权重法、径向基函数法的预测结果范围大体相当，与研究区土壤碱解氮含量统计特征差异较小。

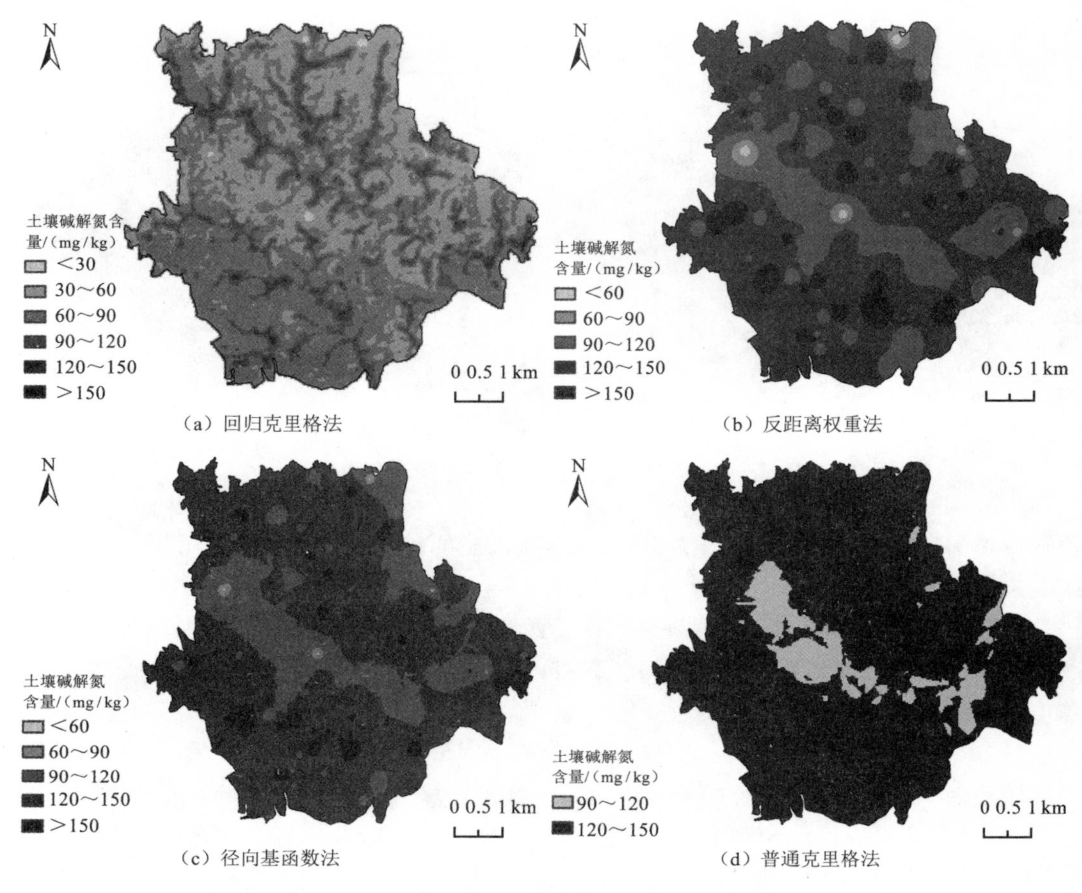

图 2.4　杜家沟小流域土壤碱解氮含量空间预测图

4. 有效磷

采用回归克里格法、反距离权重法、径向基函数法、普通克里格法对研究区土壤有效磷含量进行空间预测，空间分辨率为 30 m，结果如图 2.5 所示。总体来看，这 4 种方法的土壤有效磷含量预测结果表现出相似的空间分布特征，土壤有效磷含量的高值区分布较少，主要集中分布于研究区北部的山坡上，而低值区位于沟谷两侧的地区。特别是反距离权重法、径向基函数法、普通克里格法得到的土壤有效磷含量呈块状分布，空间分布趋势不明显，高值区和低值区的位置和范围基本相同。

不同预测结果中，反距离权重法、径向基函数法、普通克里格法的预测结果比较平滑，高值区和低值区块状分布明显。相比之下，回归克里格法的预测结果只是在沟谷两侧区域的空间变异比较大。从预测结果的值域范围来看，这 4 种方法的值域范围大体相当，其中回归克里格法的预测结果的最小值、最大值和平均值分别为 2.61 mg/kg、13.39 mg/kg 和 6.07 mg/kg，其中最大值略高于研究区土壤有效磷含量统计特征指标。紫色土全磷含量和有效磷含量水平均较低，为缺磷土壤。有效磷作为耕地土壤有效磷贮库中对农作物最

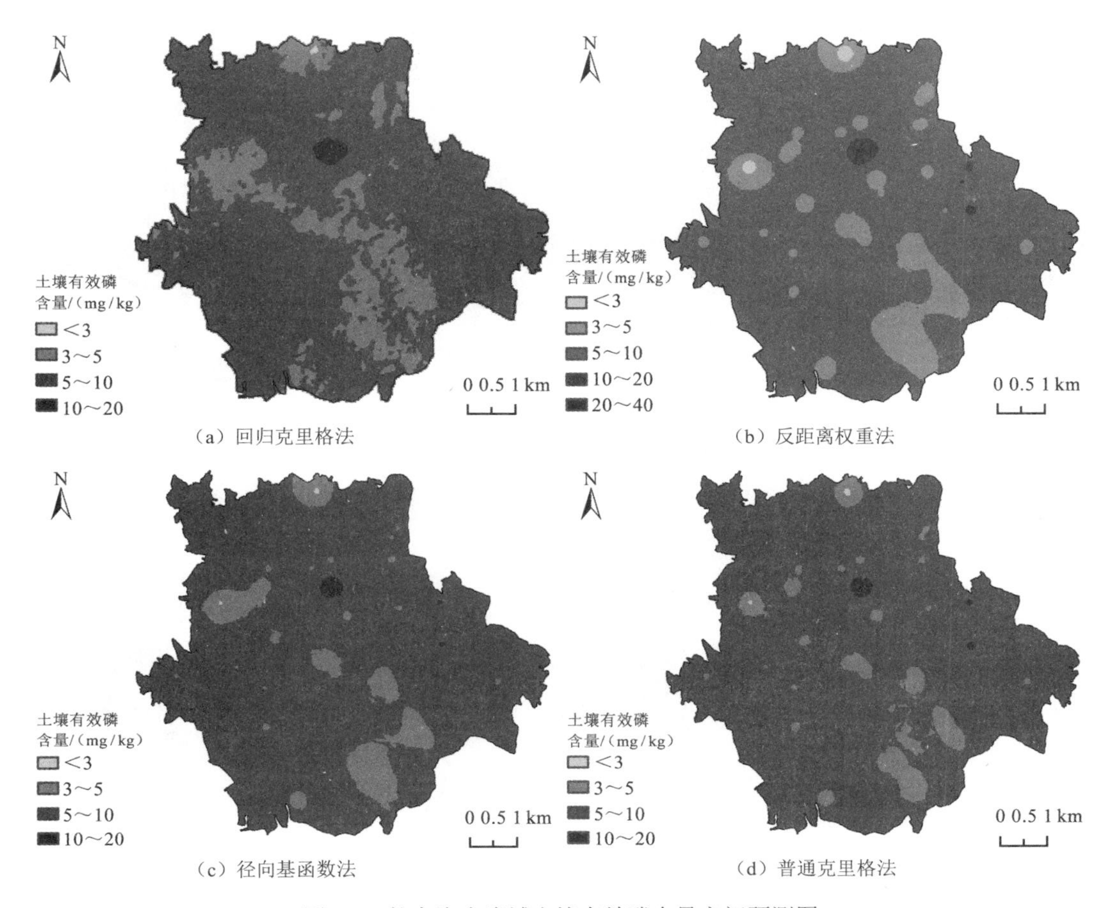

图 2.5　杜家沟小流域土壤有效磷含量空间预测图

为有效的部分，能直接供农作物吸收利用，因而是评价耕地土壤供磷能力的重要指标（廖菁菁 等，2007）。

5. 速效钾

采用回归克里格法、反距离权重法、径向基函数法、普通克里格法对研究区土壤速效钾含量进行空间预测，空间分辨率为 30 m，结果如图 2.6 所示。总体来看，这 4 种方法得到的土壤速效钾含量的空间分布宏观趋势具有一定的相似性，即土壤速效钾含量的高低值呈现块状分布特征，特别是反距离权重法、径向基函数法、普通克里格法得到的土壤速效钾含量的块状分布趋势更为明显。土壤速效钾含量的高值主要分布于龙池乡北部和大同镇西部沟谷两侧的耕地上，低值主要分布在丘陵的坡顶和坡度较大的部位。

不同预测结果中，反距离权重法、径向基函数法、普通克里格法的预测结果比较平滑，图斑连续性较强。相比之下，回归克里格法的预测结果受辅助变量空间分布的影响较明显，空间变异比较复杂，更好地表达了研究区土壤速效钾含量的局部空间变异的细节信息。从预测结果的值域范围来看，普通克里格法的预测结果范围最小（72.90～

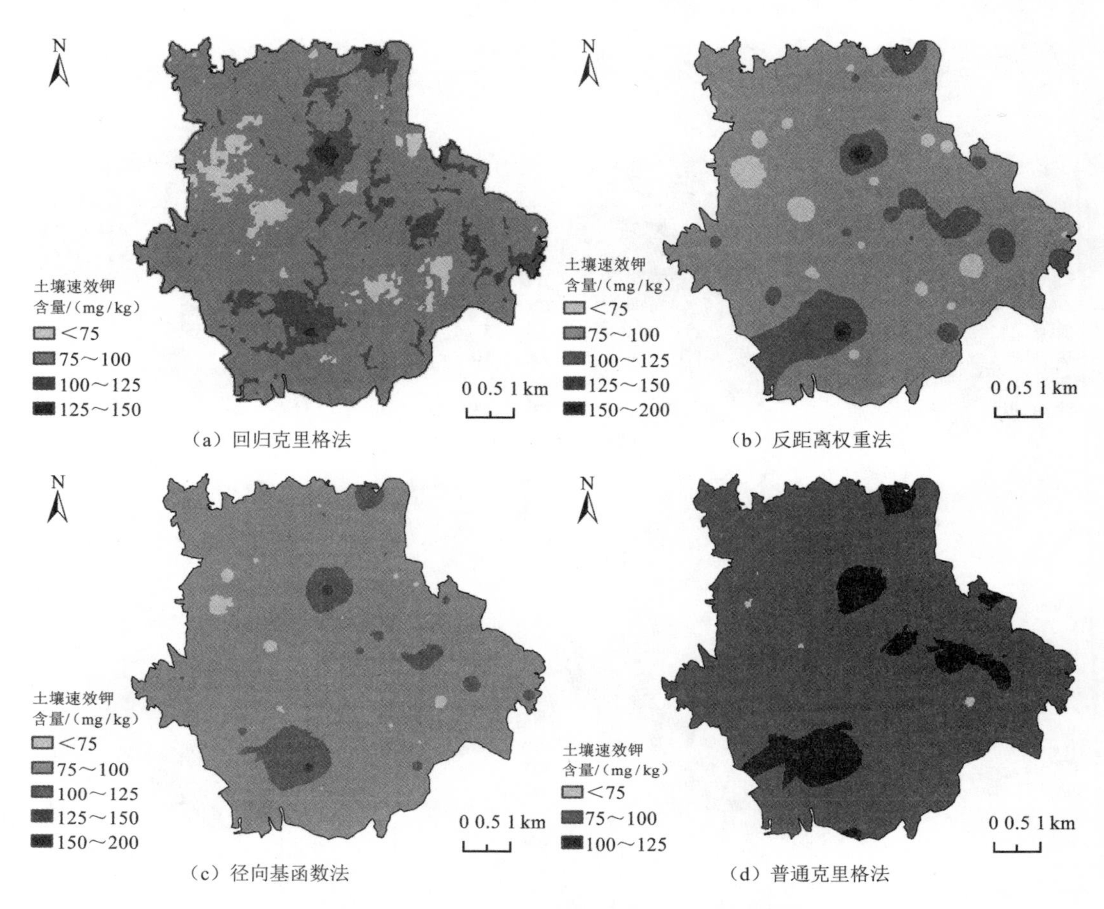

图 2.6　杜家沟小流域土壤速效钾含量空间预测图

123.03 mg/kg），并且小于采样数据的值域范围，表明该方法的平滑效应大幅降低了不同区域的土壤速效钾含量的差异性。其他 3 种方法的值域范围与研究区土壤速效钾含量统计特征均较接近，其中回归克里格法的预测结果的最小值、最大值和平均值分别为 59.52 mg/kg、148.91 mg/kg 和 89.70 mg/kg。

2.3.6　土壤性质不同空间预测方法的精度比较

选择常用的反距离权重法、径向基函数法、普通克里格法作为参考，与本章采用的回归克里格法进行土壤性质空间预测精度比较，结果见表 2.5。

表 2.5　土壤性质不同空间预测方法的精度比较

土壤性质	方法	ME	MAE	RMSE	R^2
有机质	回归克里格法	−0.15	1.15	1.49	0.959
	反距离权重法	0.58	3.57	4.41	0.647

续表

土壤性质	方法	ME	MAE	RMSE	R^2
有机质	径向基函数法	2.94	5.17	5.78	0.600
	普通克里格法	−0.24	4.42	4.69	0.626
全氮	回归克里格法	0.05	0.14	0.17	0.810
	反距离权重法	0.07	0.22	0.25	0.539
	径向基函数法	0.10	0.21	0.24	0.633
	普通克里格法	0.09	0.20	0.23	0.711
碱解氮	回归克里格法	−1.07	15.44	18.32	0.823
	反距离权重法	4.44	21.63	25.32	0.581
	径向基函数法	6.75	18.77	23.26	0.656
	普通克里格法	9.34	20.46	23.90	0.670
有效磷	回归克里格法	0.20	0.57	0.76	0.833
	反距离权重法	−0.22	0.90	1.18	0.582
	径向基函数法	−0.05	1.19	1.51	0.358
	普通克里格法	0.05	0.82	1.02	0.675
速效钾	回归克里格法	−0.24	6.39	7.46	0.882
	反距离权重法	0.20	11.68	14.67	0.564
	径向基函数法	0.13	10.24	12.50	0.667
	普通克里格法	−0.17	10.43	13.00	0.640

（1）有机质。4种方法中，除径向基函数法的ME较大外，其余3种方法的ME都接近于0，说明这些方法的预测结果倾向于无偏。回归克里格法的MAE和RMSE分别为1.15和1.49，明显低于其他3种方法，说明回归克里格法是4种方法中预测精度最高的。具体来看，回归克里格法的RMSE相比反距离权重法、径向基函数法、普通克里格法均显著减少，精度提高分别为66.21%、74.22%和68.23%。如图2.7所示，验证点土壤有机质含量预测值与实测值的散点图显示，回归克里格法得到的预测值与实测值的相关系数（R^2=0.959）明显高于其他3种方法。总体来看，回归克里格法在一定程度上提高了研究区土壤有机质含量的空间预测精度。

（2）全氮。4种方法的ME都接近于0，说明这些方法的预测结果倾向于无偏。回归克里格法的MAE和RMSE分别为0.14和0.17，明显低于其他3种方法，说明回归克里格法的预测精度要比其他3种方法的预测精度高。具体来看，回归克里格法的RMSE相比反距离权重法、径向基函数法、普通克里格法均显著减小，精度提高分别为32.00%、29.17%和26.09%。如图2.8所示，验证点土壤全氮含量预测值与实测值的散点图显示，回归克里格法得到的预测值与实测值的相关系数（R^2=0.810）明显高于其他3种方法。总体来看，回归克里格法在一定程度上提高了研究区土壤有机质含量的空间预测精度。

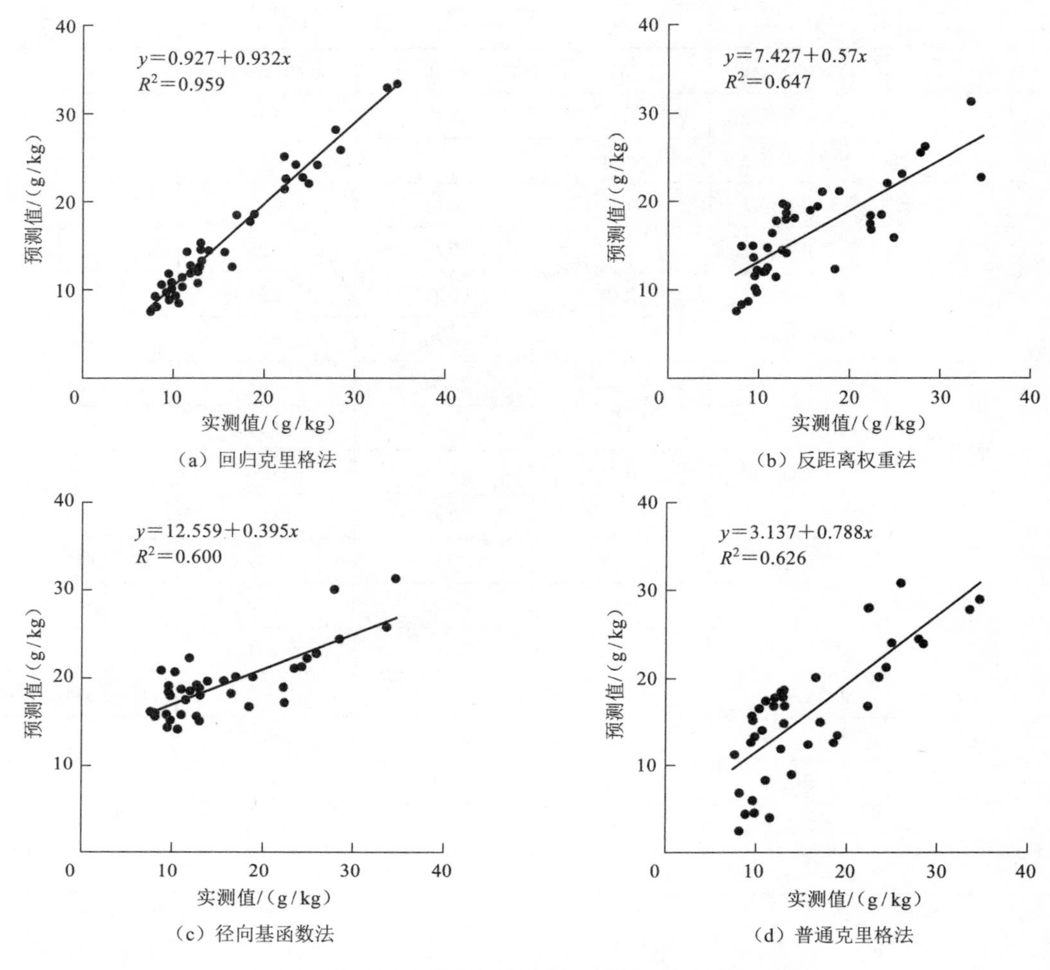

（a）回归克里格法　（b）反距离权重法

（c）径向基函数法　（d）普通克里格法

图 2.7　验证点土壤有机质含量预测值与实测值散点图

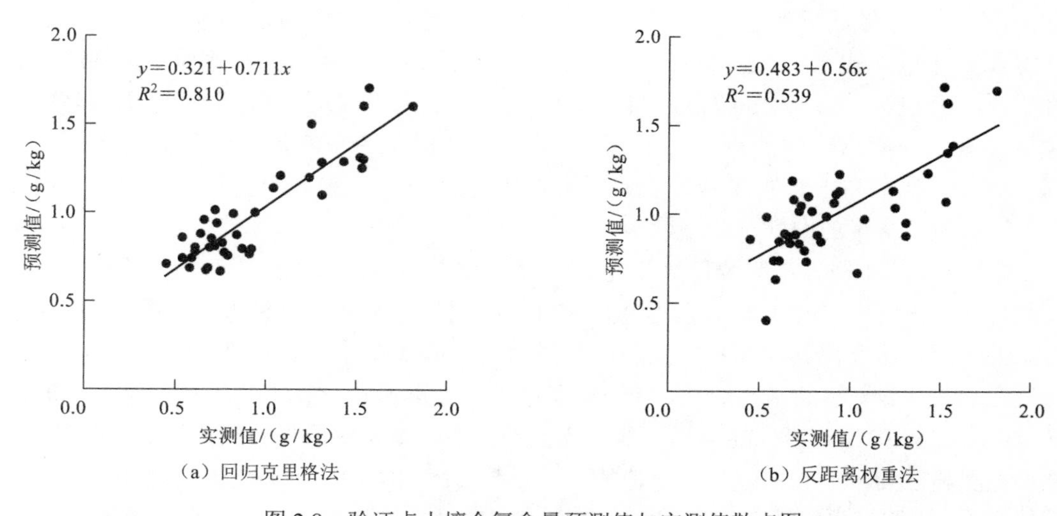

（a）回归克里格法　（b）反距离权重法

图 2.8　验证点土壤全氮含量预测值与实测值散点图

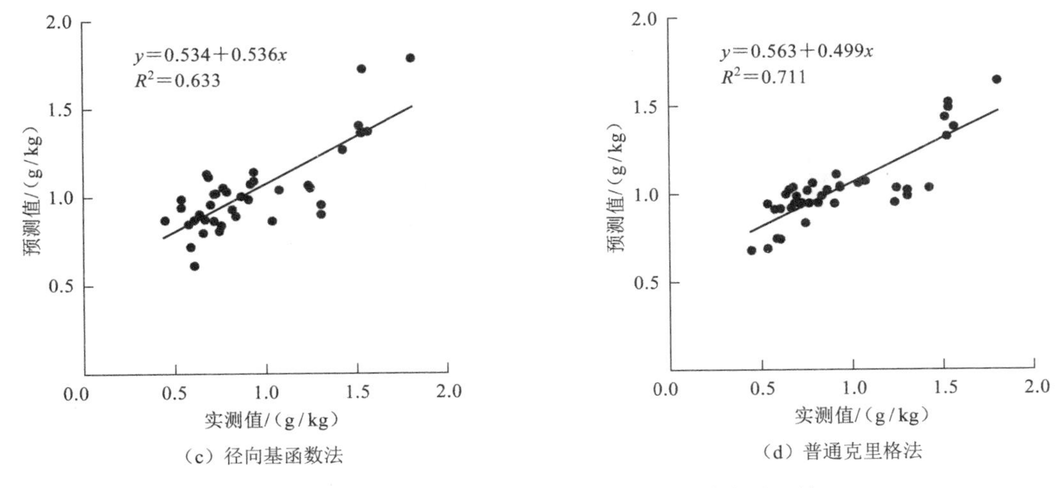

（c）径向基函数法　（d）普通克里格法

图 2.8　验证点土壤全氮含量预测值与实测值散点图（续）

（3）碱解氮。4 种方法中，回归克里格法的 ME 最接近于 0，其次是反距离权重法和径向基函数法，最差的是普通克里格法，说明回归克里格法的预测结果最倾向于无偏。回归克里格法的 MAE 和 RMSE 分别为 15.44 和 18.32，明显低于其他 3 种方法，说明回归克里格法是 4 种方法中预测精度最高的。具体来看，回归克里格法的 RMSE 相比反距离权重法、径向基函数法、普通克里格法均显著减小，精度提高分别为 27.65%、21.24%和 23.35%。如图 2.9 所示，验证点土壤碱解氮含量预测值与实测值的散点图显示，回归克里格法得到的预测值与实测值的相关系数（R^2=0.823）明显高于其他 3 种方法。总体来看，回归克里格法在一定程度上提高了研究区土壤有机质含量的空间预测精度。

（4）有效磷。4 种方法的 ME 均接近于 0，说明这些方法的预测结果倾向于无偏。回归克里格法的 MAE 和 RMSE 分别为 0.57 和 0.76，明显低于其他 3 种方法，说明回归克里格法是 4 种方法中预测精度最高的。具体来看，回归克里格法的 RMSE 相比反距离权

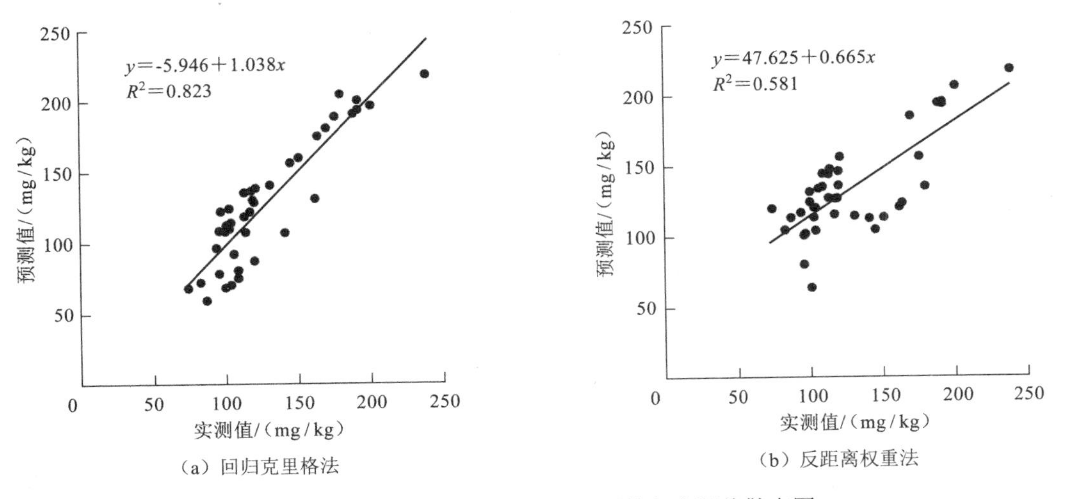

（a）回归克里格法　（b）反距离权重法

图 2.9　验证点土壤碱解氮含量预测值与实测值散点图

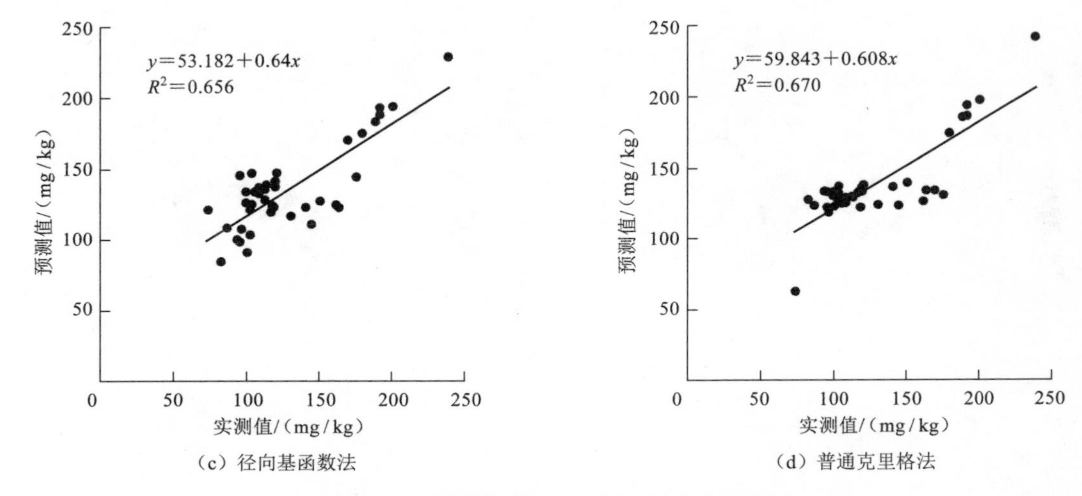

（c）径向基函数法　　（d）普通克里格法

图 2.9　验证点土壤碱解氮含量预测值与实测值散点图

重法、径向基函数法、普通克里格法均显著减小，精度提高分别为 35.59%、49.67%和 25.49%。如图 2.10 所示，验证点土壤有效磷含量预测值与实测值的散点图显示，回归克里格法得到的预测值与实测值的相关系数（R^2=0.833）明显高于其他 3 种方法。总体来看，回归克里格法在一定程度上提高了研究区土壤有机质含量的空间预测精度。

（5）速效钾。4 种方法的 ME 都接近于 0，说明这些方法的预测结果倾向于无偏。回归克里格法的 MAE 和 RMSE 分别为 6.39 和 7.46，明显低于其他 3 种方法，说明回归克里格法是 4 种方法中预测精度最高的。具体来看，回归克里格法的 RMSE 相比反距离权重法、径向基函数法、普通克里格法均显著减小，精度提高分别为 49.15%、40.32%和 42.62%。如图 2.11 所示，验证点土壤速效钾含量预测值与实测值的散点图显示，回归克里格法得到的预测值与实测值的相关系数（R^2=0.882）明显高于其他 3 种方法。总体来看，回归克里格法在一定程度上提高了研究区土壤有机质含量的空间预测精度。

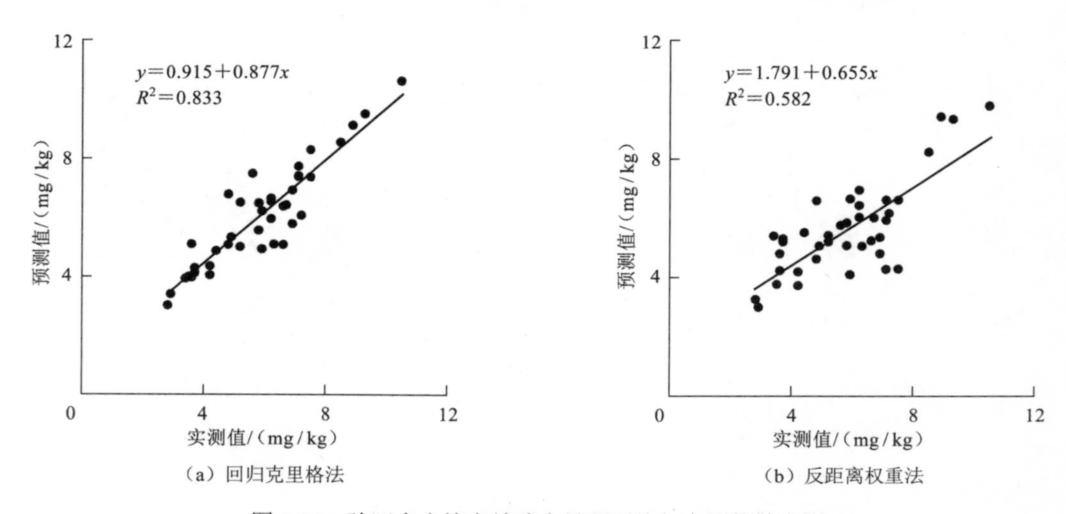

（a）回归克里格法　　（b）反距离权重法

图 2.10　验证点土壤有效磷含量预测值与实测值散点图

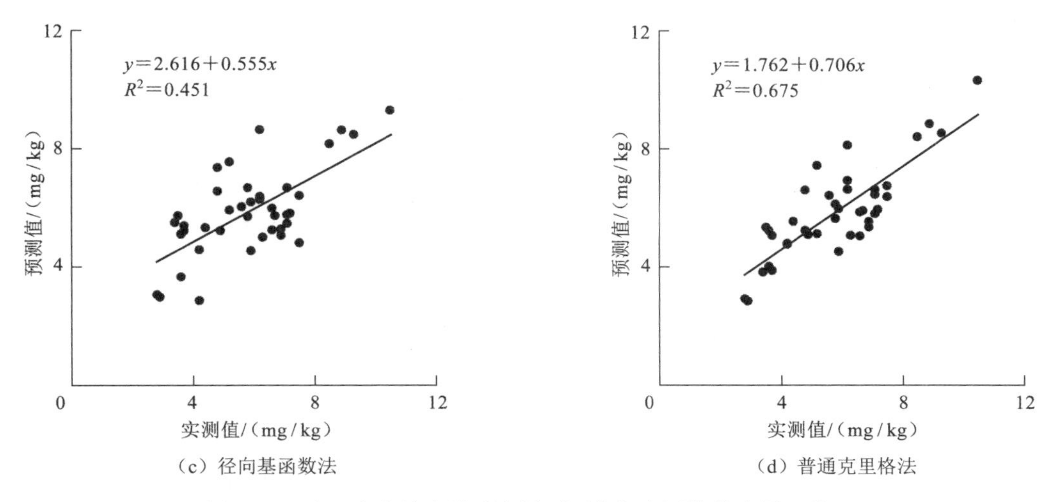

图 2.10　验证点土壤有效磷含量预测值与实测值散点图（续）

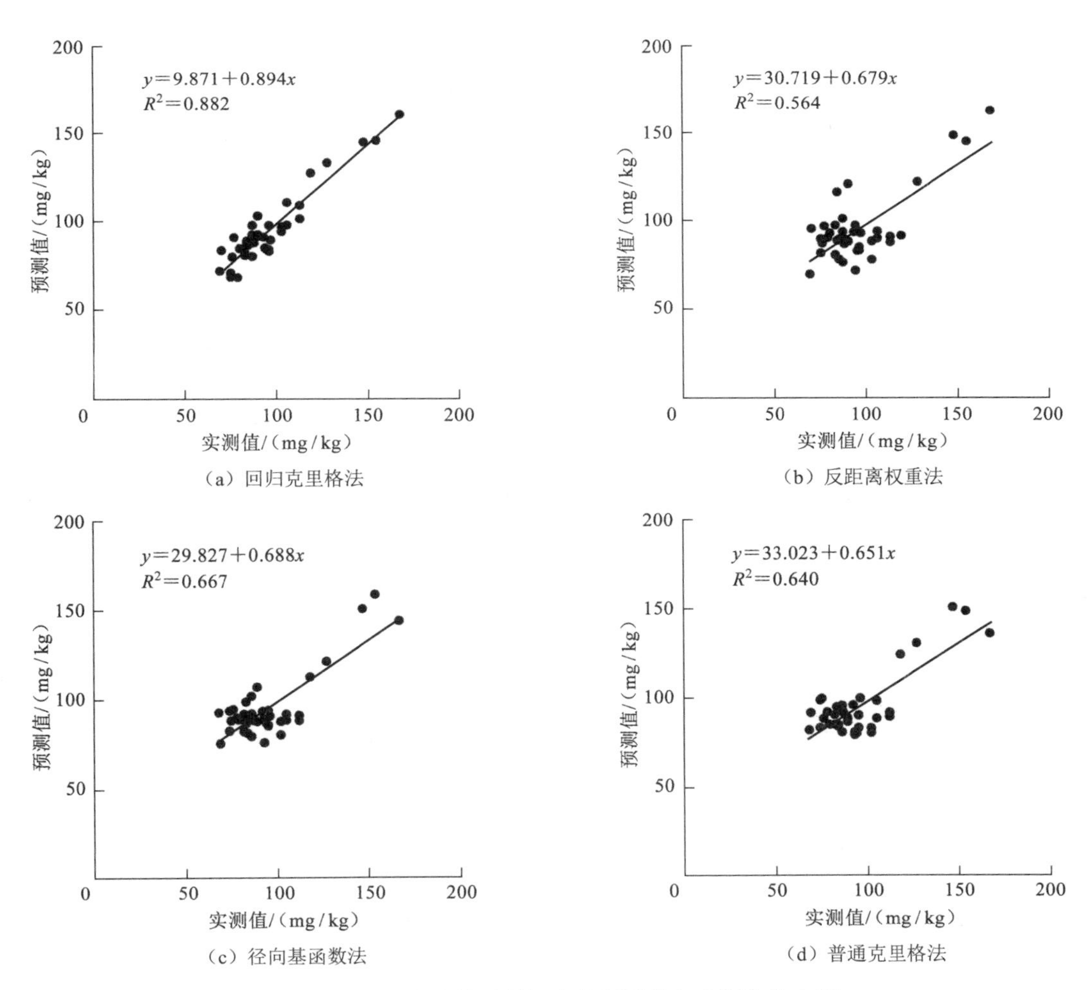

图 2.11　验证点土壤速效钾含量预测值与实测值散点图

2.4 小 结

由于母质、气候、植被、地形和农业土地利用等因素的地域差异，紫色土表现出一定的空间变异性。本章首先论述了紫色土区土壤性质的空间变异及其影响因素，其次对常用的土壤性质的空间插值方法包括样条函数法、反距离加权法、趋势面法、克里格法、人工神经网络法等进行了理论说明。以四川省南充市嘉陵区的杜家沟小流域为研究区，以Landsat ETM+影像各波段地表反射率为辅助变量，采用回归克里格法对紫色土的有机质、全氮、碱解氮、有效磷、速效钾含量进行了空间预测，并与参照方法的预测精度进行对比。

（1）Landsat ETM+各波段地表反射率中，土壤有机质含量、全氮含量、碱解氮含量与波段 2、4、5、7 呈显著相关性，土壤有效磷含量和速效钾含量与波段 5、7 呈显著相关性，是各土壤性质多元线性回归预测的最佳辅助变量。该 5 项土壤性质回归残差的最优半方差函数模型均为球状模型，具有中等的空间相关，模型的拟合精度较高。

（2）研究区土壤有机质含量呈由沟谷逐渐向坡顶递减的趋势，高值主要分布于沟谷两侧的耕地，低值主要分布在丘陵的坡顶和坡度较大的部位；土壤全氮含量和土壤碱解氮含量高值区和低值区呈由沟谷逐渐向坡顶递减的趋势，空间分布趋势明显；土壤有效磷含量的高值区分布较少，主要集中分布于研究区北部的山坡上，而低值区位于沟谷两侧的地区；土壤速效钾含量的高低值呈现块状分布特征。回归克里格法的预测结果空间变异较复杂，更好地表达了各土壤性质局部空间变异的细节信息。

（3）相比反距离权重法、径向基函数法、普通克里格法，回归克里格法的预测精度明显提高。回归克里格法的验证点土壤有机质含量预测值与实测值的拟合能力更好，预测结果更倾向于无偏的；从 MAE、RMSE 和 R^2 来看，回归克里格法的预测结果均优于其他 3 种方法。

紫色土区的有机质、全氮、碱解氮、有效磷、速效钾含量空间变异受到地形、植被等结构性因素的显著影响。因此，今后的研究应该引入更多的环境信息，并探索克里格法与非线性方法的结合，以进一步提高土壤有机质含量的空间预测的精度和稳定性，为土壤资源的精确利用和农业生产管理提供依据。

第3章　紫色土区土壤侵蚀与水土保持服务功能

水是生命之源，土是生存之本，水土是人类赖以生存和发展的基本条件，是不可替代的基础资源。人类在长期的生产实践中，不遵循客观自然规律，盲目过度开发土地资源，造成土壤资源的极大损失与破坏，产生严重的土壤流失。紫色土是我国土壤侵蚀最严重的土壤之一，其侵蚀面积广和侵蚀强度大，仅次于我国西北的黄土。土壤侵蚀不仅破坏珍贵的紫色土资源，降低紫色土的土壤肥力，造成农业减产，而且还加剧干旱、洪涝等自然灾害，降低水利工程效益，严重制约了区域经济和社会的发展。因此，正确认识紫色土的侵蚀规律，根据自然和社会经济条件，选择适宜的防治措施，因地制宜地制定水土保持体系，把土壤侵蚀控制在允许侵蚀量范围内，是当前急需解决的问题。

3.1　紫色土区土壤侵蚀特征

3.1.1　土壤侵蚀类型

《中国大百科全书・水利卷》对土壤侵蚀的定义为：土壤及其母质在水力、风力、冻融、重力等外营力作用下，被破坏、剥蚀、搬运和沉积的过程。土壤侵蚀的对象不仅限于土壤，还包括土壤层下部的母质或浅层基岩。通常情况下，我国按照土壤侵蚀外营力的种类不同进行土壤侵蚀类型划分，以便进行土壤侵蚀研究和土壤侵蚀防治。在我国，引起土壤侵蚀的外营力主要包括水力、风力、重力、冻融作用力、冰川作用力、化学作用力，以及两种或两种以上外营力形成的综合作用力。因此，我国的土壤侵蚀类型分为水力侵蚀、风力侵蚀、重力侵蚀、冻融侵蚀、冰川侵蚀、混合侵蚀。

紫色土区地貌以丘陵和低山为主，土壤侵蚀以水力侵蚀和重力侵蚀为主（表 3.1）。水力侵蚀是紫色土区的主要侵蚀类型，广泛发生在四川、重庆、云南等地区的丘陵山区，是防治的主要对象。重力侵蚀常见于紫色砂泥岩出露的陡坡坎、崖壁、沟缘，主要发生在河流切割较深谷坡陡峻的低山深丘区。

表 3.1　紫色土区土壤侵蚀类型（李仲明 等，1991）

一级类型	二级类型	三级类型
水力侵蚀	面状侵蚀	（1）雨滴击溅侵蚀
		（2）鳞片状侵蚀
		（3）层状侵蚀
		（4）细沟状侵蚀

续表

一级类型	二级类型	三级类型
水力侵蚀	面状侵蚀	（5）隐匿侵蚀
	沟状侵蚀	（6）浅沟侵蚀
		（7）切沟侵蚀
		（8）冲沟侵蚀
重力侵蚀	剥泻侵蚀	（9）剥落
		（10）泻溜
	崩滑侵蚀	（11）崩塌
		（12）滑塌
	滑坡	（13）滑坡
复合侵蚀	泥石流	（14）泥石流

水力侵蚀是指在雨滴击溅、地表径流冲刷和下渗水分作用下，土壤、土壤母质及其他地面组成物质被破坏、剥蚀、搬运和沉积的全部过程。水力侵蚀的形式主要分为面蚀和沟蚀两大类，紫色土区的水力侵蚀以这两种侵蚀类型为主。由于我国紫色土区自然、环境和社会经济条件的差异，面蚀和沟蚀的形成过程和特征存在不同。

重力侵蚀是一种以重力作用为主引起的土壤侵蚀形式，是坡面表层土石物质及中浅层基岩，在自身重力作用下，失去平衡发生位移和堆积的过程。根据紫色土区的具体情况，紫色土区的重力侵蚀类型主要有剥落、泻溜、崩塌、滑塌和滑坡等。

泥石流是岩土碎屑和水的固液两相混合呈饱和的、高浓度非均质流体沿侵蚀陡坡和陡峻沟床流动的现象。泥石流是在重力侵蚀和水力侵蚀综合作用下形成的复合侵蚀类型。紫色土区泥石流分布广泛，活动频繁，以四川、云南、重庆等地泥石流最为活跃，灾害最严重。

3.1.2　土壤侵蚀强度

根据我国各级土壤侵蚀类型区的划分范围，西南土石山区的四川山地丘陵区、云贵高原山地区的紫色土分布范围较广，南方红壤丘陵区的紫色砂页岩丘陵区也有非地带性分布，这些区域主要包括四川、重庆、云南、贵州、湖北、湖南、广西等地。紫色土区大多土层较薄，保水能力差，地表形成大量风化碎屑物，自然植被破坏严重，垦殖率高，土壤侵蚀严重。

四川山地丘陵区多为紫色砂页岩，土壤呈现红色。土壤侵蚀主要集中在丘陵区和低山坡面。大量的深丘和浅山部分土地遭到不合理开垦，植被受到明显破坏，地表缺乏植被覆盖，土壤侵蚀十分严重，坡耕地侵蚀成为该区主要侵蚀方式。根据《第一次全国水利普查公报》数据（表 3.2），四川省水力侵蚀面积达 114 420 km^2，占辖区面积的 23.54%，在全省各地均有分布，其中轻度侵蚀面积 48 480 km^2，中度侵蚀面积 35 854 km^2，强烈侵蚀面积 15 573 km^2，极强烈侵蚀面积 9 748 km^2，剧烈侵蚀面积 4 765 km^2。根据 2016 年重庆市水土流失遥感调查成果，全市水力侵蚀面积 28 707.71 km^2，占辖区面积的 34.84%；按侵蚀强度划分，轻度侵蚀面积 10 101.74 km^2，中度侵蚀面积 9 242.02 km^2，强烈侵蚀面积 4 881.34 km^2，极强烈侵蚀面积 3 340.18 km^2，剧烈侵蚀面积 1 142.43 km^2。全市土壤侵蚀量 9 097.17×10^4 t，平均侵蚀模数 3 169 t/（hm^2·a）。

表 3.2　紫色土区主要省（直辖市、自治区）土壤侵蚀各级强度面积与比例

省（直辖市、自治区）	侵蚀总面积/km^2	轻度		中度		强烈		极强烈		剧烈	
		面积/km^2	比例/%	面积/km^2	比例/%	面积/km^2	比例/%	面积/km^2	比例/%	面积/km^2	比例/%
湖北	36 903	20 732	56.18	10 272	27.83	3 637	9.86	1 573	4.26	689	1.87
湖南	32 288	19 615	60.75	8 687	26.90	2 515	7.79	1 019	3.16	452	1.40
广西	50 537	22 633	44.79	14 395	28.48	7 371	14.59	4 804	9.50	1 334	2.64
重庆	31 363	10 644	33.94	9 520	30.35	5 189	16.54	4 356	13.89	1 654	5.28
四川	114 420	48 480	42.37	35 854	31.34	15 573	13.61	9 748	8.52	4 765	4.16
贵州	55 269	27 700	50.12	16 356	29.59	6 012	10.88	2 960	5.36	2 241	4.05
云南	109 588	44 876	40.95	34 764	31.72	15 860	14.47	8 963	8.18	5 125	4.68

注：数据来自《第一次全国水利普查公报》

2017 年，嘉陵江上、中游治理区的监测区域包括甘肃省武都区、成县、西和县，陕西省镇巴县和四川省宣汉县、大竹县、邻水县、旺苍县、苍溪县、盐亭县，土地总面积 2.68×10^4 km^2。调查表明，区内土地利用以林地、耕地为主，分别占土地总面积的 55.79%、26.62%；覆盖度大于 75%和 60%～75% 的林草地分别占林草地总面积的 48.30%和 28.55%；区内地形以山地、丘陵为主，地面坡度在 15°～25°、25°～35°的土地面积分别占土地总面积的 28.58%、25.50%；区内水土流失面积 9 883.01 km^2，占土地总面积的 36.87%，主要为水力侵蚀。

2017 年，三峡库区治理区的监测区域包括重庆市万州区、忠县、武隆区和湖北省巴东县、秭归县，土地总面积 1.43×10^4 km^2。调查表明，区内土地利用以林地、耕地为主，分别占土地总面积的 54.50%、24.34%；覆盖度大于 75%和 60%～75% 的林草地分别占林草地总面积的 45.08%和 34.69%；区内地形以中山、低山和丘陵为主，地面坡度在 15°～25°的土地面积占土地总面积的 32.88%；区内水土流失面积 6 293.20 km^2，占土地总面积的 43.97%，主要为水力侵蚀。

云贵高原山地区包括云南、贵州及湖南西部、广西西部的高原、山地和丘陵。高原上的盆地、宽谷和缓坡分布着紫红色砂页岩。由于受长期烧山垦种、乱砍滥伐的影响，坡耕地及荒山上存在比较严重的面蚀和沟蚀（张洪江 等，2014）。根据《第一次全国水利普查公报》数据（表 3.2），云南省水力侵蚀面积达 109 588 km^2，占辖区面积的 27.81%，在全省各地均有分布，其中轻度侵蚀面积 44 876 km^2，中度侵蚀面积 34 764 km^2，强烈侵蚀面积 15 860 km^2，极强烈侵蚀面积 8 963 km^2，剧烈侵蚀面积 5 125 km^2。

南方红壤丘陵区的紫色砂页岩丘陵区在湖南、江西、广东广泛分布。该地区地形破碎，植被覆盖差，地表残留着极薄的风化碎屑物，下部基岩透水性差保水力弱，大雨或暴雨后径流量大而流急，冲刷力很强，面蚀、沟蚀很活跃。湖南省第三次水土流失遥感调查结果显示，湖南现有水力侵蚀面积 37 357.47 km^2，占土地总面积的 17.63%。其中，轻度流失面积 25 498.07 km^2，中度流失面积 9 337.44 km^2，强烈流失面积 1 298.02 km^2，极强烈流失面积 925.89 km^2，剧烈流失面积 298.05 km^2。

3.1.3　土壤侵蚀影响因素

我国紫色土区土壤侵蚀分布面积广、程度严重，究其原因与紫色土区特定的自然环境和社会经济条件密切相关。我国紫色土区地貌类型以丘陵和低山为主，在云贵高原也有较大面积分布，地形起伏大。四川、重庆、云南等紫色土区受亚热带和热带气候影响，水热条件分布不均，夏季降雨集中，且多暴雨。加之，紫色土区是我国南方的重要农业生产基地，农业开发利用历史悠久，开发强度不断增强，坡耕地广为分布，自然植被遭到严重破坏，均加剧了紫色土区土壤侵蚀的发展。因此，紫色土区土壤侵蚀的发生发展一方面受自然环境要素的控制，另一方面人为因素对紫色土区土壤侵蚀的影响逐渐增强。

土壤与地表组成物质是土壤侵蚀的对象，是决定侵蚀过程和侵蚀强度的内部因素。土壤的抗蚀特性是指土壤本身所能抵抗侵蚀的特性，它具有客观变化规律和特征，是影响土壤侵蚀的直接指标。紫色土和地表组成物质在自然植被遭到破坏的情况下，土壤抗蚀性很差，极易受到水力等外营力的侵蚀而被搬运。紫色砂页岩，岩质松软，构造裂隙发育，在冷热和干湿变化条件下，物理风化迅速，抗蚀性弱。另外，紫色土多分布在丘陵山区，垦殖率高，土壤侵蚀严重，风化成壤与侵蚀过程交替进行，致使土壤属性处于近似岩性的幼年土，土壤的颗粒组成与母岩很接近，因此紫色土是一种侵蚀型的高生产力岩性土。据研究（史晓梅　等，2007），土壤抗蚀性主要取决于土壤质地和结构及其对水的亲和力，以水稳性团聚体为基础的指标，能较好地衡量土壤抗蚀性，表明紫色土水稳性团聚体含量越高，结构体破坏率越小，水稳性指数越高，土壤抗蚀性能越强。

地形因素对土壤侵蚀强度的影响，主要是通过坡度、坡长等对侵蚀产生作用。坡度直接影响径流的冲刷力。地面坡度是决定径流冲刷力的基本因素，一般情况下水力侵蚀速率与坡度呈正相关关系，与此同时，随着耕作强度的增加，水力侵蚀也呈逐渐增大的趋势，表明耕作侵蚀对水力侵蚀有加速作用（杨超　等，2018）。据陈正发等（2010）研究，在相同坡长条件下，坡度与土壤流失量可拟合为二次多项式关系，紫色土坡耕地土壤侵蚀的临界坡度约为 22°。坡长对侵蚀的影响呈现较为复杂的关系，主要随降雨径流状况而变化。

气候因素是影响土壤侵蚀的主要外营力。降雨是水力侵蚀的直接动力，降雨对土壤侵蚀的影响决定于降雨径流侵蚀力。降雨侵蚀性的影响因素是降雨特性，主要包括雨滴特征、区域降雨特征、降雨能量和侵蚀降雨量。据研究（孙丽丽　等，2018），降雨强度是判断降雨侵蚀力的最重要指标，降雨强度越大紫色土坡面产流总量和径流率越大，产沙量和侵蚀率也越大。

植被是陆地生态系统的主体，通过拦截雨滴、调节地表径流、固结土体等作用改变雨滴的特性，成为控制土壤侵蚀最重要的因素。在同等降雨、地形、土壤条件下，地面的植被状况是制约土壤侵蚀的决定因素。紫色土坡面产流量和侵蚀泥沙量随植被覆盖度的增大而减小，二者之间呈线性负相关，紫色土坡面植被覆盖度达到 50%对涵养水源、保持水土起到至关重要的作用（戴金梅　等，2017）。

以上自然条件是紫色土区发生土壤侵蚀的潜在因素，而毁林开荒、过度放牧、顺坡耕作等人类活动则是影响该区土壤侵蚀的主导因素。一方面，不合理的土地利用行为加剧了土壤侵蚀的产生和发展；另一方面，通过合理利用和改造地形、增加植被覆盖度、实行保护性耕作和退耕还林还草等有效措施防治土壤侵蚀。

3.2　紫色土区典型小流域土壤侵蚀空间预测

3.2.1　研究区域与数据来源

1. 流域界线的确定

本章选择的代表区域是四川省南充市的嘉陵区。嘉陵区位于四川盆地东北部、南充市西南部、嘉陵江中游西岸，位于东经 105°45′00″～106°00′00″，北纬 30°27′30″～30°52′30″。全区土地面积 1 170 km^2。全区有一江三河，即嘉陵江、桓子河、曲水河、吉安河，总长 208.6 km，总集水面积 2 510.3 km^2。嘉陵区及其水系的基本情况如图 3.1 所示。

根据典型乡镇调查，运用遥感资料验证，全区水土流失面积 566.83 km^2，占土地面积的 48.43%，平均侵蚀模数 3 916 t/（km^2·a），最高达 13 201 t/（km^2·a）。

利用 ArcGIS 软件的水文分析模块，以 DEM 数据为基础，通过模拟水流方向、流域汇流能力、河网的自动生成、流域出水口的确定、子集水区界线的划分来提取研究区曲水河小流域的界线。嘉陵区 30 m 分辨率 DEM 数据产品的数据来源于中国科学院计算机网络信息中心地理空间数据云平台（http://www.gscloud.cn/）。具体实验步骤如下（徐新良　等，2004）。

（1）DEM 的预处理。由于洼地和尖峰的存在，在计算水流方向时采用 Hydrology 模块中的 Fill 命令对地形中的洼地和尖峰进行处理。

（2）水流方向的确定。栅格单元格的水流方向是指水流流出该单元格的方向。采用 Hydrology 模块中的 Flow Direction 命令来确定水流方向。

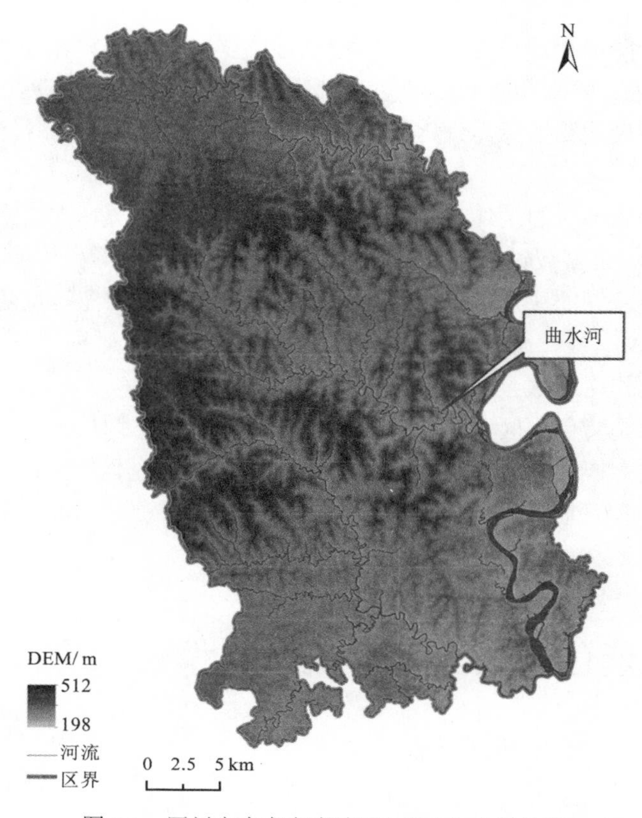

图 3.1 四川省南充市嘉陵区 DEM 及水系分布

（3）流域汇流能力分析。其目的是确定河流网络（图 3.2），进而在河流网络的基础上确定流域边界，即分水线。采用 Hydrology 模块中的 Flow Accumulation 命令，通过确定所有流入本单元格的累积上游单元格的数目来生成流域汇流能力栅格图。

（4）流域界线的生成。采用 Hydrology 模块中的 Basin 命令在水流方向栅格的基础上生成研究区的流域界线（图 3.2）。

2. 小流域基本概况

曲水河为嘉陵江中游西岸的一条支流，发源于南充市嘉陵区西北鞍子山，河长 51 km，流经嘉陵区的大观、大兴、龙池等 17 个乡镇。流域全境位于南充市嘉陵区中部，流域面积 286 km^2，介于东经 105°47′9″～106°2′53″，北纬 30°36′54″～30°50′19″。

1）自然条件

（1）地质。曲水河小流域内出露岩层主要为侏罗系中、上统内陆湖碎屑岩，其次为第四系更新统、全新统松散沉积物，不整合于侏罗系之上。根据岩层出露情况，从老到新分述如下。遂宁组：以棕色、紫红色黏土层、砂质黏土岩为主，夹不稳定的紫棕色砂岩、泥质粉砂岩透镜体，在曲水河小流域广泛分布。蓬莱镇组：为灰色、紫灰色砂岩与紫红色、棕褐色砂质黏土不等厚互层，零星出露于曲水河小流域西北部丘陵顶部。全新统：为冲、

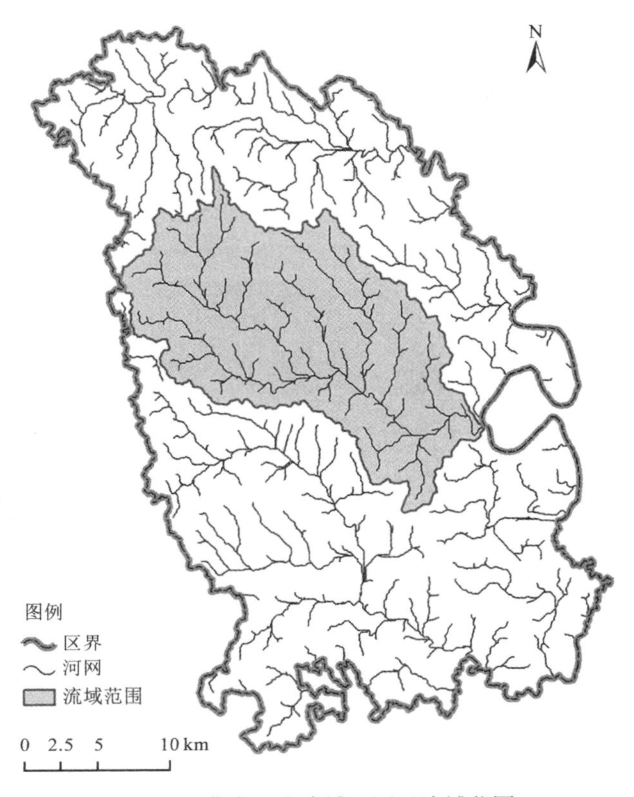

图 3.2　曲水河小流域河网及流域范围

洪积层，表层为亚砂土、亚黏土，下部为砾石层，主要出露于曲水河及其支流的阶地、河漫滩和河床中。

（2）地貌。曲水河小流域地处四川盆地中部丘陵区，西北部以高丘（相对高度 100～200 m）、中丘（相对高度 50～100 m）为主，中部和东南部以中丘、低丘（相对高度小于 50 m）为主。高丘区多为较大的脊状山，中丘、低丘区地形一般低缓，沿曲水河河谷区，除河床以外，两岸河漫滩阶地比较发育。流域地势西北高，东南低，西北部丘顶海拔多在 450 m 以上，往东南逐渐过渡为 300 m 左右。曲水河小流域最高点位于流域西北部，龙蟠镇的象鼻村，海拔 512 m，最低点为曲水河与嘉陵江的汇口处，海拔 238 m，最高点与最低点相差达 274 m。

（3）气候。曲水河小流域属中亚热带温暖湿润气候区，其主要气候特点是：季风气候显著，四季分明。降雨量季节分布不均，热量丰富，无霜期长，适宜多种农作物生长。据气象气候记载，流域多年平均气温为 17.4℃，年际之间变化不大。全年最热月出现在 8 月，最冷月为 1 月，最热月与最冷月平均气温相差较大。夏季炎热，形成热害，冬季冷冻不大，有利于小麦作物越冬。历年平均日照时数为 1 266.7 h，占全年总日照时数的 28.9%。历年平均气温≥10℃的积温为 5 590.1℃。无霜期平均 314.6 天。流域年平均降雨量为 1 010.6 mm，降水年内分配不均，夏半年 5～10 月占全年的 80%，冬半年 11 月至次年 4 月仅占 20%。每年降水量明显呈现两个高峰特征：即 7 月和 9 月为峰，8 月为谷。流域的主要气象灾害是旱灾和秋季的低温绵雨，其次是洪涝、冰雹、大风和霜冻。

（4）土壤。流域的土壤主要有紫色土和水稻土。紫色土根据其发育的母质不同主要分为以下两种：①红棕紫泥土，为侏罗系遂宁组紫色泥页岩、砂质泥岩风化的坡积物，土体深厚，土壤发育微弱，呈微碱性反应，土壤养分较丰富，质地多为壤质黏土，保水性能差，易产生水土流失；②棕紫泥土，为侏罗系蓬莱镇组紫色砂岩、泥岩风化坡积物，土体较厚，质地多为壤质黏土，呈微碱性反应，土壤养分较丰富。水稻土主要为钙质紫泥田，起源于紫色砂页岩风化发育的紫泥土（石灰性紫色土），经水耕熟化后形成淹育水稻土，其特点是土体较为深厚，质地以壤质黏土为主，富含矿质养分，基础肥力较高，保蓄性能好。流域内土壤以强碳酸盐反应为主，土壤中性偏碱，过酸过碱的土壤极少。土壤养分含量中，钾多、氮少、有机质低，缺乏有机磷，速效钾含量普遍较高。

（5）植被。流域内自然植被较差，多是人工种植的植被。乔木以柏木、桤木为主；灌木以黄荆、马桑为主。乔木、灌木主要分布于山梁、山脊及部分山坡、山脚。果树树种主要有桑、李、桃、梨、柑橘、枇杷等。流域内农作物种类较多，一年两熟或一年三熟，主要为玉米、水稻、小麦、花生、红薯。

2）社会经济条件

由于曲水河小流域涉及多个乡镇，社会经济指标取各乡镇统计数据的平均值，总量指标通过平均指标乘以流域面积得到。根据嘉陵区的统计资料计算，曲水河小流域总人口14.17万人，其中农村劳动力人口6.78万人，占流域总人口的47.85%，人口密度495人/km^2。流域地区生产总值为68 605万元，人均地区生产总值为4 843元。农业生产总值为55 810万元，农民人均年纯收入2 704元。粮食总产量74 068 t，油料总产量5 193 t，水果总产量11 852 t。

3）土地利用现状

曲水河小流域土地总面积28 625 hm^2，土地利用以耕地和林地为主，面积达到25 363 hm^2，占土地总面积的88.60%（表3.3）。交通运输用地、城镇村及工矿用地仅占土地总面积的6.85%。可以看出，曲水河小流域是以种植业为主的、工业和交通运输不发达的传统农业区。流域人均土地面积0.2 hm^2，人均耕地面积0.12 hm^2，高于同期全国人均耕地的平均水平。但是，由于长期存在坡耕地等不合理的土地开发利用，土地退化，水土流失加剧，土地生产力下降。

表3.3　曲水河小流域不同土地利用类型的面积和比例

土地利用类型	耕地	园地	林地	草地	交通运输用地	水域及水利设施用地	其他土地	城镇村及工矿用地
面积/hm^2	16 799	461	8 564	138	286	404	299	1 674
比例/%	58.69	1.61	29.91	0.48	1.00	1.41	1.05	5.85

4）水土保持概况

1958 年及 1964 年前后在开展农田水利基本建设活动中，以群众性的坡耕地改梯田为主，对改良土壤、减轻水土流失起到了一定作用。1990 年，流域所在的南充市被列入长江上游水土保持重点治理区，并开展了水土保持重点防治工程。2012 年以来，该市积极开展水土保持综合治理工程，包括“长治”工程、国家农业综合开发水土保持治理工程、国债水土保持项目、中央预防内治理工程、中央坡耕地治理试点工程、国家水土保持重点建设项目（革命老区）等，累计完成水土流失治理面积 4 177.95 km^2，实现生态修复面积 87.38 km^2，治理小流域 300 多条，水土流失治理完成投资 12.88 亿元。工程措施与生物措施相结合，改善了治理区内的基础设施条件，坡改梯工程、坡面水系工程、小型蓄水保土工程，保土蓄水效益明显，粮食稳定增收。但是，单位面积投入仍然较低，防治措施科技含量不高，导致坡改梯质量较低，经果林、水保林管理不善，部分区域还没有达到治理标准。根据不同土地利用类型、不同坡度、不同水土流失的特点，因地制宜地配置水土保持措施。

3. 数据来源

研究区 1952～2016 年的年值和月值降雨量数据来源于中国气象数据网（http://data.cma.cn）和四川统计年鉴。DEM 数据（30 m 分辨率）来源于中国科学院计算机网络信息中心地理空间数据云平台（http://www.gscloud.cn/）。土壤数据来源于全国第二次土壤普查的南充市 1:20 万土壤类型图。土地利用数据为 2009 年南充市嘉陵区土地利用现状图。

3.2.2 修正通用土壤流失方程模型

通用土壤流失方程（universal soil loss equation，USLE）是美国依据试验观测数据并结合统计分析对土壤侵蚀影响因子概化，而建立的一个定量预报农耕地或草地坡面年平均土壤流失量的经验性土壤流失预报方程，其数学表达式是一系列变量相乘的方程形式（谢云 等，2003）。USLE 的研究始于美国，自 20 世纪 30 年代开始的一系列土壤侵蚀试验和定量研究基础上不断发展完善，最终于 1965 年 282 号农业手册正式发布（Wischmeier et al.，1978）。50 多年来，USLE 模型得到不断修订完善，其修正通用土壤流失方程由 Renard 等（1991）完成并提出。USLE 模型具有结构简单、所需数据量少、结果可靠的优点，在美国乃至世界范围内得到了迅速推广和应用。我国从 20 世纪 80 年代以来，开始引进通用土壤流失方程，对于我国土壤侵蚀空间预测模型的研究起到了积极作用。

RUSLE 从技术性和确定因子的算法上对 USLE 进行了改进，预测精度得到提高，是目前世界上应用最广泛的水蚀预测经验模型。其表达式为

$$A = R \cdot K \cdot L \cdot S \cdot C \cdot P \tag{3.1}$$

式中：A 为年土壤流失量，t/（hm^2·a）；R 为降雨侵蚀力因子，MJ·mm/（hm^2·h·a）；K 为土

壤可蚀性因子，t·h/（MJ·mm）；*L* 为坡长因子；*S* 为坡度因子；*C* 为地表覆盖与管理因子；*P* 为水土保持措施因子。其中，降雨侵蚀力因子、土壤可蚀性因子、坡长因子和坡度因子为自然因素，与人类活动关联度较小；地表覆盖与管理因子和水土保持措施因子则受自然因素与人类因素的共同影响（刘青 等，2012）。

3.2.3　土壤侵蚀评价因子的确定

1. 降雨侵蚀力因子

降雨侵蚀力因子（*R*）是指由降雨导致土壤侵蚀的潜力，主要取决于全年降雨量、降雨动能和降雨强度，是产生土壤侵蚀的主要因素。计算降雨侵蚀力因子的经典算法是降雨动能和最大 30 min 雨强的乘积，但是该方法需要完整的降雨过程资料，并且处理和计算烦琐。由于曲水河小流域的雨强资料难以获取，在考虑年降雨总量和年内分布的情况下，采用基于月尺度的降雨量数据的 *R* 计算经验公式（Prasannakumar et al.，2011）：

$$R=\sum_{i=1}^{12}1.735\times10^{\left[1.5\log_{10}(P_i^2/P)-0.08188\right]} \tag{3.2}$$

式中：P_i 为月降雨量，mm；*P* 为降雨量，mm。在不考虑降雨空间差异的情况下，利用式（3.2）计算研究区历年的 *R*，然后将年平均值赋予该区每个栅格，生成 *R* 图。

曲水河小流域降雨侵蚀力与降雨量的年际变化特征基本一致，图 3.3 可以看出二者大致呈现“同增同减”的变化趋势。二者相关系数为 0.752，说明降雨侵蚀力与降雨量的相关性具有重要显著性。曲水河小流域 1952～2016 年平均降雨侵蚀力为 1 348.30 MJ·mm/（hm²·h·a），1984 年达到最大值 4 090.12 MJ·mm/（hm²·h·a），降雨量也达到较高值

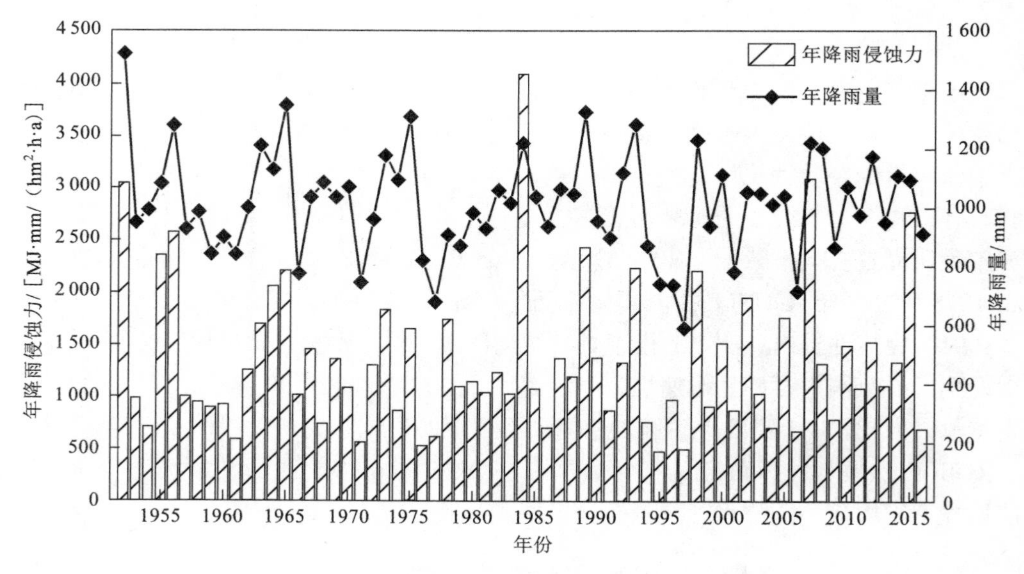

图 3.3　曲水河小流域年降雨量和年降雨侵蚀力变化过程

1 219.10 mm；1995 年的降雨侵蚀力处于最低水平 476.13 MJ·mm/（hm^2·h·a），而降雨量的最低值 591.40 mm 出现在 1997 年。虽然该流域降雨侵蚀力与降雨量具有显著的相关性，但是其年降雨侵蚀力和年降雨量的最高值和最低值并不完全吻合，这一结果与秦巴山区降雨侵蚀力时空变化特征的研究结果一致（邵祎婷　等，2019）。有研究指出，出现这一现象的最主要原因为期降雨特性及降雨侵蚀力动力构成因子不同，尤其是雨强和雨滴动能的差异（张家其　等，2014）。

2. 土壤可蚀性因子

土壤可蚀性因子（K）代表不同土壤类型的易受侵蚀程度，本质上反映了不同类型土壤颗粒被水力分离和搬运的难易度，以及土壤本身抵抗侵蚀能力的强弱程度，是影响土壤侵蚀的内在因素，也是决定是否需要采取防治措施的重要因素。国际上通常用土壤可蚀性因子来衡量土壤可蚀性这一指标。国内外学者对土壤可蚀性做了大量的研究工作，提出多种计算方法。其中，Williams 等（1983）在侵蚀–生产力影响评价（erosion-productivity impact calculator，EPIC）模型中把土壤可蚀性因子的计算公式发展为仅与土壤砂粒含量、粉砂含量、黏粒含量和土壤有机碳含量有关的公式，使土壤可蚀性因子的计算更简单。计算公式为

$$K=\left\{0.2+0.3\exp\left[-0.0256S_{\mathrm{a}}\left(1-\frac{S_{\mathrm{i}}}{100}\right)\right]\right\}\cdot\left(\frac{S_{\mathrm{i}}}{C_{\mathrm{l}}+S_{\mathrm{i}}}\right)^{0.3}\times\left[1-\frac{0.25C}{C+\exp(3.72-2.95C)}\right]\left[1-\frac{0.7S_{\mathrm{n}}}{S_{\mathrm{n}}+\exp(-5.51+22.9S_{\mathrm{n}})}\right] \tag{3.3}$$

式中：S_{a} 为砂粒含量，%；S_{i} 为粉砂含量，%；C_{l} 为粉粒含量，%；C 为有机碳含量，%；$S_{\mathrm{n}}=1-S_{\mathrm{a}}/100$。$K$ 的计算结果通过除以 7.59 转换为国际制单位。基于研究区各土壤类型的属性值，利用式（3.3）计算得到各土壤类型的土壤可蚀性因子，然后通过土壤类型图的栅格转化得到土壤可蚀性因子图。

表 3.4 为曲水河小流域不同土壤类型的土壤机械组成和有机碳含量。在土壤机械组成中，砂粒（粒径为 2～0.02 mm）含量介于 28.47%～30.00%，其中砂粒含量最多的是棕紫泥土；粉粒（粒径为 0.02～0.002 mm）含量介于 37.00%～43.50%，粉粒含量最少的是红棕紫泥土；黏粒（粒径＜0.002 mm）含量介于 26.50%～35.00%，其中黏粒含量最小的是棕紫泥土。各土壤类型的土壤有机碳含量差异较大，其中有机碳含量最大的是钙质紫泥田。利用 EPIC 模型［式（3.3）］计算得到各土壤类型的土壤可蚀性因子值，棕紫泥土的土壤可蚀性因子值最大，其次为红棕紫泥土和钙质紫泥田。

表 3.4　曲水河小流域不同土壤类型土壤可蚀性因子值（陈协蓉　等，1994）

土壤类型	砂粒含量/%	粉粒含量/%	黏粒含量/%	有机碳含量/%	K/［t·h/（MJ·mm）］	面积比例/%
钙质紫泥田	28.47	38.85	32.68	1.38	0.0359	43.69
棕紫泥土	30.00	43.50	26.50	0.67	0.0439	20.95
红棕紫泥土	28.00	37.00	35.00	0.74	0.0407	35.36

3. 地形因子

坡长因子（L）和坡度因子（S）反映地形的坡长和坡度对土壤侵蚀的综合作用。在单个坡面，该因子值可以通过试验观测得到；在区域尺度，则基于DEM提取的坡长和坡度，采用经验公式计算获得。本章L、S因子的计算采用如下经验公式（Desmet et al.，1996）：

$$L=(\lambda/22.13)^m \tag{3.4}$$

式中：L为坡长因子；λ为坡长，m；参数m的取值在坡度大于5%时为0.5，坡度介于3%～5%时为0.4，坡度小于3%时为0.3。此外，根据McCool等（1987）的研究结果，L计算时设定坡长上限为150 m。

$$\begin{cases} S=10.8\sin\theta+0.03, & \theta<9\% \\ S=16.8\sin\theta-0.50, & \theta\geq 9\% \end{cases} \tag{3.5}$$

式中：S为坡度因子；θ为坡度，%。

基于研究区的DEM数据，通过ArcGIS的空间分析模块提取坡长和坡度，然后采用式（3.4）和式（3.5）计算得到坡长因子和坡度因子［图3.4（a）］。

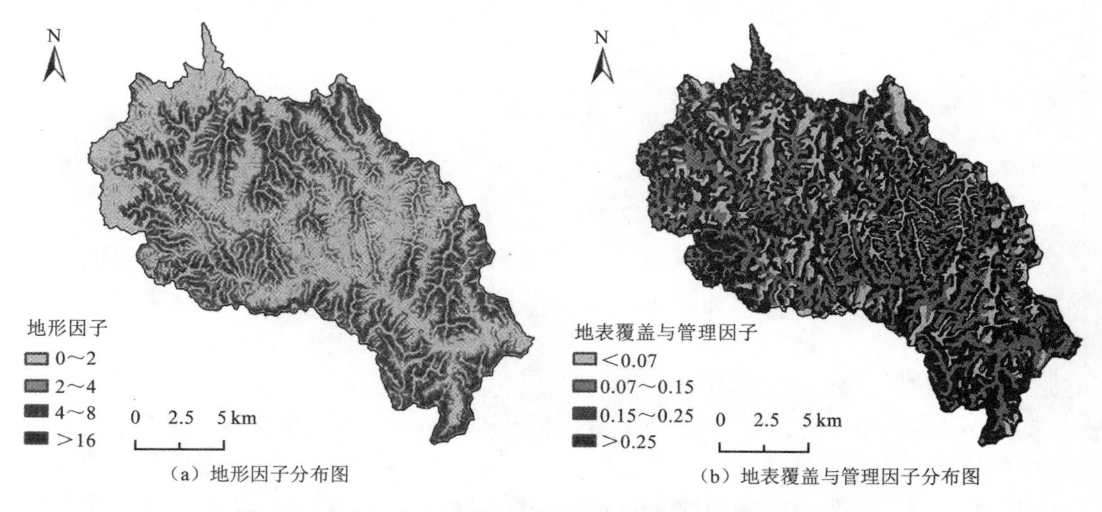

（a）地形因子分布图　（b）地表覆盖与管理因子分布图

图3.4　曲水河小流域地形因子和地表覆盖与管理因子分布图

4. 地表覆盖与管理因子

地表覆盖与管理因子（C）是侵蚀动力的抑制因子，其本质是反映地表植被覆盖状况对土壤侵蚀的抑制效果。根据研究区土地利用现状和农业经营情况，参考紫色土区地表覆盖与管理因子相关研究成果（Cai et al.，2000），确定各土地利用类型的地表覆盖与管理因子值（表3.5），然后将土地利用类型图进行栅格转化得到地表覆盖与管理因子值图［图3.4（b）］。

表 3.5　曲水河小流域不同土地利用类型的地表覆盖与管理因子和水土保持措施因子值

因子值	水田	旱地	果园	茶园	其他园地	乔木林地	灌木林地	农村宅基地
C	0.12	0.31	0.07	0.035	0.26	0.006	0.017	0.2
P	0.01	0.4	0.5	0.5	0.5	1	1	1

5. 水土保持措施因子

水土保持措施因子（*P*）定义为采取一定水土保持措施与顺坡种植的土壤流失量比值。实地调查发现，研究区的主要水土保持措施为等高耕作和水平梯田，结合花利忠等（2007）和刘爱霞等（2009）的研究结果，确定各土地利用类型的水土保持措施因子值（表 3.5），然后将土地利用类型图进行栅格转化得到水土保持措施因子图。

3.2.4　曲水河小流域土壤侵蚀空间分布

现实土壤侵蚀量是在有植被覆盖和水土保持措施条件下的实际土壤侵蚀量，因此植被覆盖和水土保持措施能有效地削弱雨水对地表土壤造成的打击和冲刷，植物根系也能通过根系网的固土功能减少地表径流产生的土壤侵蚀（田志会 等，2011）。根据式（3.1）的计算得到，曲水河小流域的平均现实土壤侵蚀量为 33.07 t/（$hm^2 \cdot a$），现实土壤侵蚀总量为 95.68×10^4 t/a。如图 3.5 所示，曲水河及其支流的河谷地区现实土壤侵蚀较弱，沿河谷两侧阶地向丘陵逐渐增加，土壤侵蚀严重的地区主要分布在丘陵的坡地上，这些区域主要分布有大量坡耕地，地表植被较差，土壤侵蚀量较大。

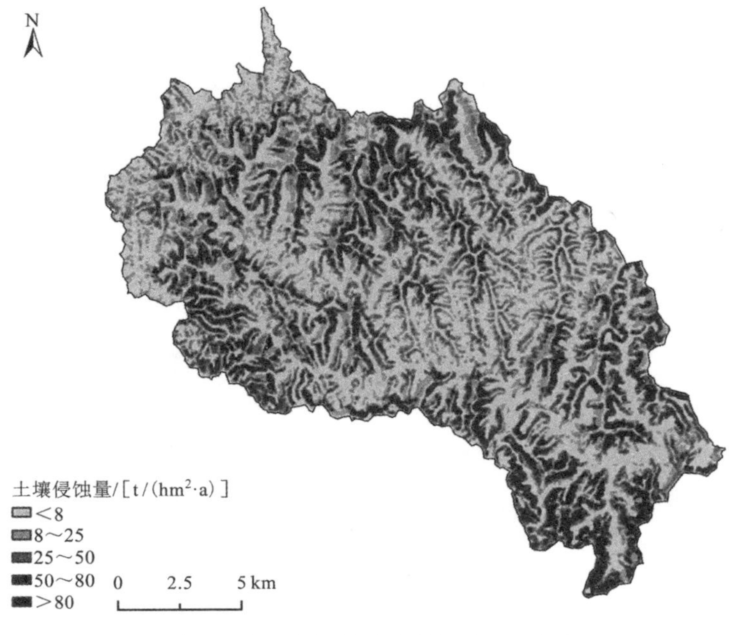

图 3.5　曲水河小流域土壤侵蚀空间分布

根据《土壤侵蚀分类分级标准》，将现实土壤侵蚀模数分为微度、轻度、中度、强烈、极强烈、剧烈 6 个等级。曲水河小流域的土壤母质以遂宁组为主，Liu 等（2009）通过研究确定该母质紫色土的容许土壤流失量为 8 t/（hm^2·a），因此把该值作为微度土壤侵蚀的分级标准。结果显示（表 3.6），微度侵蚀区的面积为 10 488.15 hm^2，占流域总面积的 36.25%，平均土壤侵蚀量为 2.08 t/（hm^2·a），土壤侵蚀总量占全流域侵蚀总量的 2.28%；侵蚀强度最大的剧烈侵蚀区的面积为 712.35 hm^2，仅占流域总面积的 2.46%，平均土壤侵蚀量达 182.38 t/（hm^2·a），土壤侵蚀总量占全流域侵蚀总量的 13.58%；此外，土壤侵蚀总量最大的为极强烈侵蚀区，虽然该区只占流域总面积的 10.93%，但是其平均土壤侵蚀量仅次于剧烈侵蚀区，达 108.17 t/（hm^2·a），土壤侵蚀总量占全流域侵蚀总量的 35.74%，所占比例明显高于其他区域。

表 3.6 曲水河小流域土壤侵蚀强度分级

侵蚀强度 /［t/（hm^2·a）］	分级	面积/hm^2	面积比例/%	平均土壤侵蚀量 /［t/（hm^2·a）］	土壤侵蚀总量 /（10^4 t/a）	侵蚀量比例/%
＜8	微度	10 488.15	36.25	2.08	2.18	2.28
8～25	轻度	7 033.14	24.31	15.46	10.87	11.36
25～50	中度	4 545.63	15.71	36.02	16.37	17.11
50～80	强烈	2 992.41	10.34	63.73	19.07	19.93
80～150	极强烈	3 160.98	10.93	108.17	34.19	35.74
＞150	剧烈	712.35	2.46	182.38	12.99	13.58

不同土壤类型区中，棕紫泥土区和红棕紫泥土区的平均现实土壤侵蚀量分别为 40.99 t/（hm^2·a）和 40.11 t/（hm^2·a），远高于钙质紫泥田区；同时，二者面积占全流域面积的 56.31%，其现实土壤侵蚀总量也高于钙质紫泥田区。不同坡度区中，坡度介于 8°～15°和 15°～25°的区域仍是土壤侵蚀最严重的地区，平均现实土壤侵蚀量分别为 43.85 t/（hm^2·a）和 82.78 t/（hm^2·a），土壤侵蚀总量合计占到全流域侵蚀总量的 77.68%。在不同土地利用类型区中，由于研究区坡耕地分布广泛，耕地的平均现实土壤侵蚀量和侵蚀总量都明显高于林地和园地，成为该区人地矛盾最突出的区域。

3.3 紫色土区典型小流域土壤保持服务功能

土壤保持是生态系统的重要服务功能，在减少土壤流失和维持土地生产力中起着重要作用。目前，土壤保持服务功能及其价值评估已引起生态学、水土保持学及土壤学相关学者的广泛关注，在基础理论与实践应用方面取得显著研究成果。USLE 模型与 GIS、RS 等空间信息技术相结合，广泛应用于土壤保持服务功能评价中（蔡崇法 等，2000）。近年来，有学者开发基于 GIS 平台的生态系统服务协同与竞争模型（integrated valuation of ecosystem services and trade-offs，InVEST）（Nelson et al.，2009），其中的土壤保持等模块已经在美国等地区得到应用和验证（Leh et al.，2013；Polasky et al.，2011）。在国内，许多学者对 USLE 模型的参数和适用性进行了研究，并将其与 GIS 结合在土壤保持服务功能评价等方面进行了实践应用（孙文义　等，2014；饶恩明　等，2013）。此外，InVEST 模型被引入国内以来，不同学者利用其土壤保持模块对北京山区（周彬　等，2010）、密云水库流域（李屹峰　等，2013）和海南岛（饶恩明　等，2013）等地区的土壤保持服务功能进行了评价。但是，目前紫色土区的相关研究还是以土壤侵蚀为主，土壤保持服务功能评价还少有报道。

3.3.1　土壤保持服务功能评价模型

土壤保持服务功能以土壤保持量（A_c）来表示，为潜在土壤侵蚀量（A_p）与现实土壤侵蚀量（A_r）的差值。其中，潜在土壤侵蚀量是在假定没有地表植被覆盖和任何水土保持措施条件下的土壤侵蚀量，即 $C=1$ 和 $p=1$ 。现实土壤侵蚀量指在有地表植被覆盖和采取一定水土保持措施情况下的土壤侵蚀量（孙文义　等，2014）。土壤保持量的计算公式为

$$A_c = A_p - A_r = R \cdot K \cdot LS \cdot (1 - C \cdot P) \tag{3.6}$$

3.3.2　曲水河小流域土壤保持服务功能评价

1. 土壤保持服务功能空间分布

曲水河小流域土壤保持总量为 1.10×10^7 t/a，单位面积土壤保持量为 384.74 t/（$hm^2 \cdot a$）。如图 3.6 所示，曲水河小流域土壤保持量空间分布呈现明显的地带分布特征，流域西北部和东南部较高，地势平坦的河谷阶地单位面积土壤保持量较小，丘陵坡地区域较大，总体上随着坡度的增大而变大。这一特征主要归因于丘陵坡地坡度较大且主要为耕地，潜在土壤侵蚀量明显高于其他区域，同时植被覆盖和水土保持措施则可以显著减低现实土壤侵蚀量。此外，研究区微度和轻度侵蚀区的面积占流域总面积的 60.56%，而极强烈和剧烈侵蚀区分别占 10.93%和 2.46%。按照侵蚀面积从大到小排列依次为：微度＞轻度＞中度＞极强烈＞强烈＞剧烈。同时，研究区 69.25%的侵蚀量来自占流域总面积 23.73%的强烈以上侵蚀区域，该类区域应作为今后土壤保持服务功能提升的重点区域。

2. 土壤保持服务功能的影响因素

1）不同坡度条件下

坡度是决定土壤保持服务功能的关键因子之一，对抑制地表径流的侵蚀能力和保留土壤肥力有重要影响。在植被覆盖、土壤抗蚀性等条件相近的情况下，坡度的增加会导致地表径流量和土壤侵蚀量的显著增加（张彪　等，2009）。为评价不同坡度条件下的土壤

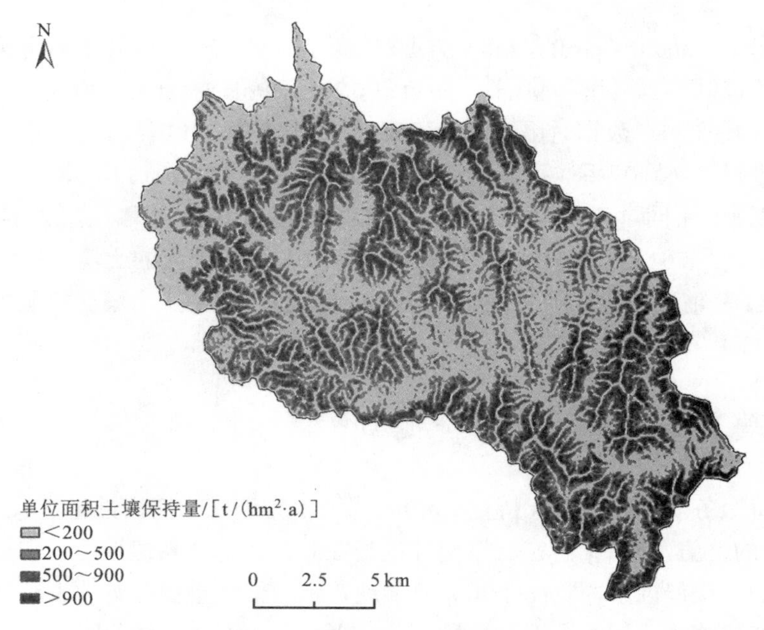

图 3.6　曲水河小流域单位面积土壤保持量空间分布

保持服务功能分布规律，依据相关研究成果和研究区实际，将研究区的土壤保持服务功能按坡度等级划分为 6 个级别（表 3.7）。

表 3.7　曲水河小流域不同坡度土壤保持服务功能

坡度/（°）	面积/hm^2	面积比例/%	单位面积土壤保持量/［t/（hm^2·a）］	土壤保持总量/（10^4 t/a）	保持量比例/%
<5	9 064.44	31.66	97.65	88.51	8.04
5～8	5 699.61	19.91	222.39	126.75	11.51
8～15	9 218.43	32.21	491.39	452.99	41.13
15～25	4 312.71	15.07	899.53	387.94	35.23
25～35	321.12	1.12	1 366.15	43.87	3.98
>35	7.29	0.03	1 647.06	1.20	0.11

结果表明，坡度小于 5°的区域面积为 9 064.44 hm^2，占全流域面积的 31.66%，其单位面积土壤保持量为 97.65 t/（hm^2·a），土壤保持总量为 88.51×10^4 t/a，仅占全流域保持总量的 8.04%。该区域虽然面积较大，但由于坡度小，土壤侵蚀量和保持量都较低。随着坡度增加，土壤侵蚀强度不断上升，而地表植被覆盖的降雨截留能力和土壤固结能力也不断增强（卞鸿雁　等，2012），使得单位面积土壤保持量快速增加。在坡度介于 8°～15°的区域，单位面积土壤保持量增加到 491.39 t/（hm^2·a），加之该区面积占全流域总面积的 32.21%，土壤保持总量达到 452.99×10^4 t/a，占流域总保持量的 41.13%，是研究区土壤保持量最大的坡度区域。而坡度介于 15°～25°的区域，土壤保持总量占全流域保持总量的

比例也高达35.23%。坡度在25°以上的区域，由于其面积较小，土壤保持总量也较小。总的来看，随着坡度的增加，土壤侵蚀强度也不断增大，同时植被和水土保持措施等对土壤侵蚀的抑制作用也不断增强，使得单位面积土壤保持量不断提升。

值得注意的是，曲水河小流域的土壤侵蚀量和土壤保持量都主要集中在8°～15°和15°～25°的坡度区域。一方面，8°～15°的区域的土壤侵蚀量占侵蚀总量的42.31%，15°～25°的区域占37.37%，远大于其他坡度区域，成为土壤侵蚀的主要发生区；另一方面，这两个区域的土壤保持量共占全流域保持量的76.36%。结果表明，研究区今后的水土保持工作重点应放在这两个坡度区域，可以通过采取退耕还林、坡改梯等措施，降低现实土壤侵蚀量，提高土壤保持服务功能。

2）不同土壤类型条件下

土壤抗蚀性是土壤自身抵抗自然和人为作用力对其破坏和剥蚀的能力，是降低土壤侵蚀强度和提高土壤保持能力的内在因素，主要取决于土壤的质地、结构、有机质含量和团聚体等（刘定辉　等，2003）。分析不同土壤类型条件下的土壤保持服务功能特征，有助于提升曲水河小流域的土壤抗蚀能力。

曲水河小流域钙质紫泥田、棕紫泥土和红棕紫泥土3种土壤类型区的面积比例分别为43.69%、20.95%和35.36%。如表3.8所示，钙质紫泥田区的单位面积土壤保持量最低，为309.89 t/（hm^2·a），棕紫泥土区和红棕紫泥土区的单位面积土壤保持量较高，分别为443.59 t/（hm^2·a）和442.38 t/（hm^2·a）；红棕紫泥土区的土壤保持总量最大，为447.79×10^4 t/a，其次为钙质紫泥田区和棕紫泥土区。结果表明，棕紫泥土区和红棕紫泥土区的土壤保持服务功能明显强于钙质紫泥田区。棕紫泥土区面积最小，而单位面积土壤保持量最大；红棕紫泥土区的土壤保持总量和侵蚀总量均较高，分别占全流域总量的40.66%和42.50%；同时，虽然钙质紫泥田区的面积最大，占总面积的43.69%，但其单位面积土壤保持量最低，土壤保持总量只占全流域总量的35.19%。因此，钙质紫泥田区是研究区下一步水土保持的重点区域，可以通过提高植被覆盖、改善土壤性质、增强土壤抗蚀性等方法来提高其土壤保持服务功能。

表3.8　曲水河小流域不同土壤类型土壤保持服务功能

土壤类型	面积/hm^2	面积比例/%	单位面积土壤保持量/［t/（hm^2·a）］	土壤保持总量/（10^4 t/a）	保持量比例/%
钙质紫泥田	12 504.96	43.69	309.89	387.51	35.19
棕紫泥土	5 995.26	20.95	443.59	265.95	24.15
红棕紫泥土	10 122.3	35.36	442.38	447.79	40.66

3）不同土地利用类型条件下

土地利用类型影响土壤的基本特性，改变降雨对地表的作用过程，缓解或加剧降雨对土壤颗粒的剥离和搬运的作用效果。在土壤侵蚀防治过程中，可以通过改变土地利用类型和提高植被覆盖来增强生态系统的土壤保持服务功能。与土壤改良和坡改梯方法相比，退耕还林和退耕还草通过改变土地利用类型取得了更高的保水保土效果和社会经济效益，已成为中国一项广泛实施且有效的土地管理政策。因此，研究不同土地利用类型条件下的土壤保持服务功能特征，可为土地资源管理和水土保持规划提供科学依据。

如表 3.9 所示，耕地是曲水河小流域的主要土地利用类型，面积为 24 088.32 hm^2，占全流域面积的比例达 84.16%，其次是园地和林地，分别为 11.54%和 4.30%。园地的单位面积土壤保持量最大，为 665.60 t/（hm^2·a），林地和耕地次之，分别为 362.96 和 347.34 t/（hm^2·a）。这主要归因于研究区的园地大都分布于坡度较大、土壤可蚀性强的区域，其潜在土壤侵蚀量较大。由于较大的面积分布，耕地成为研究区土壤保持总量最高的土地利用类型区，土壤保持总量为 836.67×10^4 t/a，占全流域保持总量的 75.97%。研究发现，耕地既是研究区潜在土壤侵蚀总量和现实土壤侵蚀总量最大的区域，也是土壤保持总量最大的区域，而其单位面积土壤保持量较小，说明耕地具有较大的土壤侵蚀风险，只有通过采取适宜的水土保持措施或者改变土地利用类型才能提高其土壤保持服务功能。同时，研究区园地的单位面积土壤保持量较大，可以通过种植保水保土效果较好的经济农作物，既可以提高研究区的土壤保持服务功能，又能增加农民收入。

表 3.9 曲水河小流域不同土地利用类型土壤保持服务功能

土壤类型	面积/hm^2	面积比例/%	单位面积土壤保持量/［t/（hm^2·a）］	土壤保持总量/（10^4 t/a）	保持量比例/%
耕地	24 088.32	84.16	347.34	836.67	75.97
园地	3 303.72	11.54	665.60	219.90	19.97
林地	1 231.29	4.30	362.96	44.69	4.06

3.4 小　　结

曲水河小流域为典型的紫色土丘陵区，具有地形复杂、坡度变化大、自然植被少、降雨年内分布不均等特点，随着人口增长和农业生产活动加剧，土壤流失问题日趋严重。本章运用 RUSLE 模型和 GIS 空间分析方法，参照相关研究成果和研究区的实际情况，基于降雨量、DEM、土壤图、土地利用现状等基础数据，分别计算得到曲水河小流域土壤侵蚀评价的 R、K、L、S、C 和 P 因子值，再通过潜在土壤侵蚀量和现实土壤侵蚀量计算研究区土壤保持量及其空间分布。此外，通过分析不同坡度、不同土壤类型和不同土地利用类型条件下的土壤保持量的差异特征，探讨研究区土壤保持服务功能的影响因素。

（1）曲水河小流域的平均现实土壤侵蚀量属中度侵蚀强度水平，远低于潜在土壤侵蚀强度，说明该区具有较高的生态系统服务功能。

（2）曲水河小流域的土壤保持总量为 1.10×10^7 t/a，单位面积土壤保持量为 384.74 t/（hm^2·a），总体呈现从河谷阶地逐渐向周边丘陵坡地递增的空间分布特征。

（3）不同坡度条件下，单位面积土壤保持量随着坡度的增加而增加，且 76.36%的土壤保持量来自 8°～25°的坡度区；不同土壤类型条件下，棕紫泥土区和红棕紫泥土区的单位面积土壤保持量远大于钙质紫泥田，并且红棕紫泥土区为土壤保持总量最大的区域，占全流域总量的 40.66%；不同土地利用类型条件下，园地的单位面积土壤保持量最大，为 665.60 t/（$hm^2 \cdot a$），林地次之，耕地最小，同时由于耕地面积比例最大，使其成为土壤保持总量贡献最大的土地利用类型区。

总体来看，曲水河小流域的土壤侵蚀量和土壤保持量均集中在强烈及以上侵蚀强度区、8°～25°的坡度区、耕地、钙质紫泥田区和红棕紫泥土区，以上均为研究区今后进行生态恢复和土壤侵蚀治理的重点区域，可以通过土地改良增强土壤抗蚀性，以及采取退耕还林还草、坡改梯等措施提高该区的土壤保持服务功能水平。

第 4 章 水土保持措施适宜性评价理论与方法

4.1 水土保持措施适宜性评价的基本内涵

水土保持措施适宜性评价，就是针对水土保持措施的适宜程度所做的评价，是编制水土保持规划时的预测性评价。但是，目前水土保持措施适宜性的概念与内涵、评价方法和评价内容还未形成统一观点，不同学者从不同角度对水土保持措施适宜性的理解存在明显差异。水土保持措施适宜性思想的提出源于对水土保持作用机理和效应评价的深入研究，其本质是要求不同地区建立适合当地自然、经济和社会条件的水土保持措施及其配置模式。国外水土保持措施相关文献中经常提及的术语有“adoption”“applicability”“sustainability”等（de Graaff et al.，2008），而国内出现较多的名词是“适宜性”和“适应性”。虽然这些认识从不同角度对水土保持措施适宜性进行了表述，具有一定的科学意义，但是这些概念只是涉及水土保持措施适宜性的某一方面，对其内涵还没有形成统一认识，这使得人们在评价技术适宜性程度时难以确定指标及其标准，评价结果具有不确定性。因此，有必要对水土保持措施适宜性评价的相关概念、评价目标与评价标准等进行科学界定。总体来看，国外的研究比较注重分析当地农民对水土保持措施采用的决策过程及采用的可持续性，认为能够长期发挥水土保持效应和被当地农民持续采用的措施才是最适宜的。国内学者则侧重于研究水土保持措施产生的各种效益，并将保水保土效益、社会效益和经济效益作为措施适宜性的综合影响因素考虑。

水土保持措施在一个区域是否适宜，一般认为包含两个方面的满足程度，即一是措施实施地提供的土壤条件、自然环境条件和社会经济条件满足措施要求的程度，二是措施产出的水土保持效益、自然环境效益和社会经济效益满足当地人们期望的程度。因此，人们面对是否采用水土保持措施及采用哪种类型的水土保持措施等问题时，一般都要从“求–供”和“产–望”两方面来考虑，前者反映客观上的容许条件和可行性，后者反映人们主观的意愿和期望。如果某一区域的各种条件完全能够满足特定水土保持措施的要求，则定义其“求–供”适宜性指数为 1；如果完全不能够满足要求，则定义其“求–供”适宜性指数为 0。如果特定水土保持措施的各种效益完全达到区域内当地人们的期望，则定义其“产–望”适宜性指数为 1；如果完全没有达到期望，则定义其“产–望”适宜性指数为 0。可用不同的数学函数（如隶属函数）来描述“求–供”适宜性指数和“产–望”适宜性指数从 0 到 1 的变化情况。然后通过一定的方法将“求–供”适宜性指数和“产–望”适宜性指数综合成统一的水土保持措施适宜性指数，它定量地描述了既满足要求又达到期望的程度。

水土保持措施的适宜性是针对特定的水土保持措施而言的。水土保持措施适宜性评价，就是指为了选择适宜的水土保持措施，实现防治水土流失和促进农村社会经济发展的目的，通过建立科学合理的评价指标体系，采用科学的方法对不同措施在某一特定区域的适宜程度进行综合评价的过程（代富强 等，2011）。水土保持措施适宜性评价的目的是为水土保持规划和土地利用规划提供决策依据，实现水土保持措施的可持续采纳。基于对水土保持措施影响因素和产出效益的不同理解，水土保持措施适宜性评价的内容和形式也不尽相同。

水土保持措施适宜性评价是一个很复杂的问题，涉及土壤、自然环境和社会经济各个方面，而且每个方面又包含着若干的影响因素，这些因素既相互独立，又相互影响，既要遵循客观规律，又要满足人的主观意志。因此必须从系统的角度出发，借鉴系统工程原理和数学方法，将定性分析和定量计算相结合，建立科学合理的水土保持适宜性评价指标体系和评价方法。建立一套切实可行的评价指标体系是水土保持措施适宜性评价的基础和核心，而评价标准和评价方法的确定则是实施评价的关键。

4.2　构建评价指标体系的原则

考虑水土保持措施适宜性评价的独特性，借鉴其他建立评价指标体系的相关成果，建立水土保持措施适宜性评价指标体系除了应遵循科学性、系统性、可操作性、可比性等建立评价指标体系的一般原则，还应该遵循以下原则。

4.2.1　主观与客观相结合原则

基于对水土保持措施适宜性评价基本内涵的理解，反映水土保持措施实际需求的客观指标与反映人们主观感受的主观指标共同构成水土保持措施适宜性评价指标体系的核心内容，两者缺一不可。水土保持措施适宜性评价的客观指标是基于影响水土保持措施的各种客观因素，反映水土保持措施对客观条件的实际需求而建立的指标。其主观指标是考虑措施实施者对水土保持措施产出效益的主观感受，是基于个人的认知、态度和评价来建立的指标。鉴于主、客观指标有不同的特点，评价水土保持措施适宜性时只采用客观指标或主观指标均有一定的局限性，必须把两者有机地结合起来，做到主、客观指标的内在统一，从而建立既反映客观需求又反映主观愿望的科学合理的水土保持措施适宜性评价指标体系。

4.2.2　定性与定量相结合原则

定量指标和定性指标是最常用的两种指标描述类型。定量指标是对评价因素的量的分析和表述，侧重用数字来描述所研究的评价因素。而定性指标，就是对评价因素的质的分析和表述，侧重于用语言文字描述的形式来反映评价因素的特征和本质。定量指标和定性指标都具有各自的优点和局限性，但两者并不是相互对立的，而在某种程度上是相互联系、相互补充的。在水土保持措施适宜性评价的过程中，若只局限于定量指标，则只能实现对水土保持措施适宜性的局部把握；而若只局限于定性指标，则很难保证对水土保持措施适宜性的客观评价。只有利用定量指标和定性指标的各自优点，克服其局限性，同时通过这两种指标的结合来达到彼此间相互补充，使评价指标体系更具全面性。在水土保持措施适宜性评价中，选择这两种相互补充的指标类型，有助于从不同侧面、不同角度来评价水土保持措施的适宜性，从而得到更加全面、精确的评价结果。

4.2.3　自然和社会相结合原则

水土保持措施适宜性是一个综合性问题，它是由措施实施地的土壤条件、自然环境条件和社会经济条件，以及措施产生的水土保持效益、自然环境效益和社会经济效益共同决定的。土壤条件和坡面水土保持效益，反映了水土保持措施的土壤适宜性及坡面水土流失的响应特征；区域自然环境条件和水土保持措施的区域自然环境效益，反映了水土保持措施对区域的地形地貌、气候等条件的适宜性及改善区域自然环境的效益；社会经济条件和水土保持措施的社会经济效益，反映了水土保持措施对区域经济发展水平、劳动力、文化素质等条件的适宜性，以及提高土地生产率、增加农民收入等方面的效益。自然指标和社会指标之间存在着相互联系、相互作用、相互影响的关系，自然指标和社会指标共同构成了水土保持措施适宜性评价指标体系的一个整体。自然指标和社会指标从两个不同的角度反映了水土保持措施的适宜性，只有将两类指标有机结合才能建立一套全面的、科学合理的水土保持措施适宜性评价指标体系。

4.3　评价指标体系的建立

水土保持措施适宜性评价指标体系的建立主要从两个方面考虑，包括水土保持措施对土壤条件、自然环境条件和社会经济条件的要求，以及人们对水土保持措施实施后产生的水土保持效益、自然环境效益和社会经济效益的期望。根据水土保持措施适宜性评价的基本内涵，按照建立水土保持措施适宜性评价指标体系的原则，建立水土保持措施适宜性评价的“双套对偶评价指标体系”：“求–供”评价指标体系（表4.1），即水土保持措施对土壤条件、自然环境条件和社会经济条件所要求的与措施实施地所能提供的对应条件的一类指标；“产–望”评价指标体系（表 4.2），即水土保持措施实施后所产生的水土保持效益、自然环境效益和社会经济效益与措施实施地人们所期望的相应效益的一类指标。

表 4.1　“求–供”评价指标体系

<table>
<tr><th rowspan="2">目标层</th><th rowspan="2">准则层</th><th colspan="3">指标层</th></tr>
<tr><th colspan="2">“求”</th><th>“供”</th></tr>
<tr><td rowspan="20">R-S：“求–供”适宜性</td><td rowspan="6">C_1：土壤条件</td><td>X_1</td><td colspan="2">土壤可蚀性</td></tr>
<tr><td>X_2</td><td colspan="2">土壤质地</td></tr>
<tr><td>X_3</td><td colspan="2">土壤肥力</td></tr>
<tr><td>X_4</td><td colspan="2">土壤排水能力</td></tr>
<tr><td>X_5</td><td colspan="2">土壤持水能力</td></tr>
<tr><td>X_6</td><td colspan="2">平均土壤厚度</td></tr>
<tr><td rowspan="6">C_2：自然环境条件</td><td>X_7</td><td colspan="2">平均海拔</td></tr>
<tr><td>X_8</td><td colspan="2">平均坡度</td></tr>
<tr><td>X_9</td><td colspan="2">平均坡长</td></tr>
<tr><td>X_{10}</td><td colspan="2">年平均降雨量</td></tr>
<tr><td>X_{11}</td><td colspan="2">年平均气温</td></tr>
<tr><td>X_{12}</td><td colspan="2">年平均日照数</td></tr>
<tr><td rowspan="8">C_3：社会经济条件</td><td>X_{13}</td><td>建设需求投资</td><td>可用建设投资</td></tr>
<tr><td>X_{14}</td><td>维护需求投资</td><td>可用维护投资</td></tr>
<tr><td>X_{15}</td><td colspan="2">农村劳动力密度</td></tr>
<tr><td>X_{16}</td><td colspan="2">农村劳动力素质</td></tr>
<tr><td>X_{17}</td><td colspan="2">技术服务组织</td></tr>
<tr><td>X_{18}</td><td colspan="2">农用地面积</td></tr>
<tr><td>X_{19}</td><td colspan="2">灌溉条件</td></tr>
<tr><td>X_{20}</td><td colspan="2">农业机械化程度</td></tr>
</table>

表 4.2　“产–望”评价指标体系

<table>
<tr><th rowspan="2">目标层</th><th rowspan="2">准则层</th><th colspan="3">指标层</th></tr>
<tr><th colspan="2">“产”</th><th>“望”</th></tr>
<tr><td rowspan="7">O-E：“产–望”适宜性</td><td rowspan="4">B_1：水土保持效益</td><td>Y_1</td><td>土壤侵蚀速率</td><td>容许土壤流失量</td></tr>
<tr><td>Y_2</td><td colspan="2">年径流系数</td></tr>
<tr><td>Y_3</td><td colspan="2">土壤肥力</td></tr>
<tr><td>Y_4</td><td colspan="2">土壤有机碳</td></tr>
<tr><td rowspan="3">B_2：自然环境效益</td><td>Y_5</td><td colspan="2">生物多样性</td></tr>
<tr><td>Y_6</td><td colspan="2">植被覆盖度</td></tr>
<tr><td>Y_7</td><td colspan="2">地表温度</td></tr>
</table>

续表

目标层	准则层	指标层	
		“产”	“望”
O-E：“产–望”适宜性	B_2：自然环境效益	Y_8	减轻自然灾害
		Y_9	改善水质
	B_3：社会经济效益	Y_{10}	土地生产率
		Y_{11}	土地纯收益率
		Y_{12}	人均年纯收入
		Y_{13}	投资回报期
		Y_{14}	土地利用结构优化
		Y_{15}	商品化率
		Y_{16}	恩格尔系数
		Y_{17}	水土保持意识水平

4.3.1　“求–供”评价指标体系

（1）目标层，包含1个一级指标。

R-S：“求–供”适宜性，是反映区域内各种条件满足水土保持措施要求程度的指标，包含土壤条件、自然环境条件、社会经济条件3个二级指标。

（2）准则层，包含3个二级指标。

C_1：土壤条件，是反映措施对土壤条件所要求的与措施实施地所能提供的一类指标，包括6个三级具体指标。

C_2：自然环境条件，是反映措施对自然环境条件所要求的与措施实施地所能提供的一类指标，包括6个三级具体指标。

C_3：社会经济条件，是反映措施对社会经济条件所要求的与措施实施地所能提供的一类指标，包括8个三级具体指标。

（3）指标层，包含20个三级指标。

4.3.2　“产–望”评价指标体系

（1）目标层，包含1个一级指标。

O-E：“产–望”适宜性，是反映水土保持措施的产出效益达到措施实施地人们期望程度的指标，包含水土保持效益、自然环境效益、社会经济效益3个二级指标。

（2）准则层，包含3个二级指标。

B_1：水土保持效益，是反映措施实施后所产生的水土保持效益与措施实施地人们所期望的一类指标，包括4个三级具体指标。

B_2：自然环境效益，是反映措施实施后所产生的自然环境效益与措施实施地人们所期望的一类指标，包括 5 个三级具体指标。

B_3：社会经济效益，是反映措施实施后所产生的社会经济效益与措施实施地人们所期望的一类指标，包括 8 个三级具体指标。

（3）指标层，包含 17 个三级指标。

需要指出的是，考虑不同水土保持措施对土壤条件、自然环境条件和社会经济条件要求的差异，以及不同区域人们对水土保持措施产出的效益期望不同，在实际应用中，可以根据具体情况在“双套对偶评价指标体系”的基础上，确定具体评价指标及指标类型。另外，在“求–供”评价指标体系中，“求”的指标名称“建设需求投资”和“维护需求投资”，其对应“供”的指标名称是“可用建设投资”和“可用维护投资”，其他评价指标的“求”和“供”的名称是相同的；在“产–望”评价指标体系中，“产”的指标名称“土壤侵蚀速率”对应“望”的指标名称是“容许土壤流失量”，其他评价指标的“产”和“望”的名称是相同的。

4.4 评 价 方 法

4.4.1 指标权重的确定

1. 德尔菲法

德尔菲（Delphi）法是一种确定权重的常用方法。它是采用匿名的连续个人征询计划，通过对应答者有控制的信息反馈，用以客观地综合多数专家经验与主观判断的一种方法。其主要步骤如下（王迎超 等，2010）。

（1）选择专家。选择人数适当的多年从事水土保持研究和实践工作的、具有丰富经验的专家和技术人员，对评价指标权重作出概率估计。要求专家总体的权威程度较高、能广泛代表水土保持研究的各个方面，并严格专家的推荐和审定程序。

（2）设计评价意见征询表。征询表的设计要紧扣水土保持措施适宜性评价的目标，表格简明扼要，填表方式简单。

（3）专家征询与信息反馈。专家对征询表中的每个指标做出评价，以分值（五分制或百分制均可）表示。征询表收回后，立即进行统计处理，求出其均值与方差，将这些信息反馈给专家，并对专家进行再征询，专家可根据总体意见的倾向和分散程度来修改自己前一次的评价意见，最后得到协调度较高的结果。

（4）结果的数据处理和权重确定。均值和方差的计算公式如下：

$$E=\sum_{i=1}^{n}a_i/n \tag{4.1}$$

$$\sigma^2=\frac{1}{n-1}\sum_{i=1}^{n}(a_i-E)^2 \tag{4.2}$$

式中：E 为均值；σ^2 为方差；n 为专家总人数；a_i 为第 i 位专家的评分值。用均值表示最可能的权重值，用方差表示不同意见的分散程度。

然后对各指标权重进行归一化处理，即

$$w_i = E_i \Big/ \sum_{i=1}^{n} E_i \tag{4.3}$$

从而得到各评价指标的权重矩阵为

$$W = [w_1, w_2, \cdots, w_m]' \tag{4.4}$$

2. 层次分析法

层次分析法是美国运筹学家 T. L. Saaty 于 20 世纪 70 年代提出的一种定性与定量相结合的决策分析方法。层次分析法的基本原理就是把所要研究的复杂问题看作一个大系统，通过对系统的多个因素的分析，划分出各因素间相互联系的有序层次；再请专家对每一层次的各因素进行较客观的判断后，相应给出相对重要性的定量表示；进而建立数学模型，计算出每一层次全部因素的相对重要性的权数，并加以排序；最后根据排序结果进行规划决策和选择解决问题的措施。层次分析法的基本过程，大体可以分为如下 4 个步骤（徐建华，2002）。

（1）建立层次结构。弄清问题的范围、所包含的指标、各指标之间的关系。将问题所含的指标进行分组，把每一组作为一个层次，按照最高层（目标层）、若干中间层（准则层）及最低层（指标层）的形式排列起来。

（2）构造判断矩阵。判断矩阵表示针对上一层次中的某元素而言，评定该层次中各有关元素相对重要性的状况，其形式见表 4.3。其中，b_{ij} 表示对于 A_k 而言，指标 B_i 对 B_j 的相对重要性的判断值。B_{ij} 一般取 1，3，5，7，9 共 5 个等级标度，其意义为：1 表示 B_i 与 B_j 同等重要；3 表示 B_i 较 B_j 稍微重要；5 表示 B_i 较 B_j 明显重要；7 表示 B_i 较 B_j 强烈重要；9 表示 B_i 较 B_j 极其重要。而当 5 个等级不够用时，可以使用 2，4，6，8 表示相邻判断的中值。

表 4.3　相对重要性判断矩阵

A_k	B_1	B_2	…	B_n
B_1	b_{11}	b_{12}	…	b_{1n}
B_2	b_{21}	b_{22}	…	b_{2n}
⋮	⋮	⋮		⋮
B_n	b_{n1}	b_{n2}	…	b_{nn}

（3）层次单排序及一致性检验。对每个判断矩阵计算最大特征值及其对应的特征向量，利用一致性指标、随机一致性指标和一致性比率做一致性检验。若检验通过，特征向量（归一化后）即为权向量；若不通过，需要重新构造判断矩阵。计算步骤如下。

将判断矩阵每一列归一化处理：

$$\overline{b_{ij}} = b_{ij} \Big/ \sum_{k=1}^{n} b_{kj}, \quad i = 1,2,\cdots,n \tag{4.5}$$

对按列归一化处理后的新判断矩阵，再按行求和：

$$\overline{W}_i = \sum_{j=1}^{n} \overline{b}_{ij}, \quad i = 1,2,\cdots,n \tag{4.6}$$

将求和后的向量作归一化处理：

$$W_i = \overline{W}_i \Big/ \sum_{i=1}^{n} \overline{W}_i, \quad i = 1,2,\cdots,n \tag{4.7}$$

则 $\boldsymbol{W} = [W_1, W_2, \cdots, W_n]'$ 为所求的特征向量。计算最大特征根：

$$\lambda_{\max} = \sum_{i=1}^{n} \frac{(A\boldsymbol{W})_i}{nW_i} \tag{4.8}$$

计算一致性指标：

$$\mathrm{CI} = \frac{\lambda_{\max} - n}{n-1} \tag{4.9}$$

$$\mathrm{CR} = \frac{\mathrm{CI}}{\mathrm{RI}} \tag{4.10}$$

式中：CI 为一致性指标；CR 为一致性检验系数；RI 为平均一致性指标；当 CR＜0.1 时，即认为判断矩阵具有满意的一致性。

（4）层次总排序及一致性检验。得到每一个要素相对于上一层次对应要素的权重值后，通过层次总排序计算出每一个评价指标相对于总目标适宜性评价的权重值，并进行一致性检验。若通过，则可按照总排序权重值表示的结果进行决策，否则需要重新考虑模型或重新构造那些一致性比率较大的判断矩阵。层次总排序表见表 4.4。

表 4.4　层次总排序表

层次 B	层次 A				B 层次的总排序
	A_1	A_2	…	A_m	
	a_1	a_2	…	a_m	
B_1	b_1^1	b_1^2	…	b_1^m	$\sum_{j=1}^{m} a_j b_1^j$
B_2	b_2^1	b_2^2	…	b_2^m	$\sum_{j=1}^{m} a_j b_2^j$
⋮	⋮	⋮		⋮	⋮
B_n	b_n^1	b_n^2	…	b_n^m	$\sum_{j=1}^{m} a_j b_n^j$

4.4.2　单项指标评价

水土保持措施适宜性评价是一个比较复杂的过程，其适宜性大小是由水土保持措施实施地的各类条件和措施实施后的各种产出效益决定的。因此，在对水土保持措施的总体适宜性进行评价之前首先应对单个评价指标的适宜状况做出评价。传统的适宜性评价（如土地适宜性评价）在对单个指标进行评价时，首先制定评价指标分级标准，然后根据评价指标实际值确定各评价指标的级别。但是，在实际研究中，并非所有指标的评价标准都具有明显的界限，水土保持措施对各评价指标的适宜性是渐变的，也就是说，各评价指标的适宜性具有模糊性。因此，采用模糊数学方法进行单项指标适宜性评价可获得科学的评价结果（王建国 等，2001）。

应用模糊数学方法建立单项指标评价模型的关键，就是确定评价指标对水土保持措施适宜性的作用方式及各指标的评价标准。所谓指标的评价标准是指水土保持措施对“求-供”评价指标体系中各评价指标的“要求值”和措施实施地人们对“产–望”评价指标体系中各评价指标的“期望值”。虽然各指标的评价标准对不同水土保持措施或者不同地方的人们而言是有差异的，但对具体某一种水土保持措施或者某一个地方的人们来说，每个指标的评价标准都有一个确定的值或者值的范围。本章对指标评价标准的确定主要通过以下三种方式：一是在分析长期试验观测数据的基础上，通过综合专家意见确定指标的评价标准；二是参考现有研究成果、措施的技术规范和成功案例的适宜条件确定指标的评价标准；三是通过与当地农民讨论和填写结构化调查表的形式确定指标的评价标准。

在此需说明的是，不同水土保持措施对评价指标的要求不完全相同，因而同一评价指标对水土保持措施的影响程度也不同，从而表现为不同水土保持措施对评价指标的“要求值”的差异。同理，不同地方的人们对水土保持措施产出效益的期望不完全相同，从而表现为评价指标在不同地方的“期望值”的差异。因此，应根据水土保持措施对各条件因素的需求确定评价指标的“要求值”，同时根据不同地方的人们对水土保持措施产出效益的期望来确定评价指标的“期望值”。根据现有的研究成果和长期试验观测，评价指标与水土保持措施适宜性之间存在不同的相关关系，可根据具体情况确定各指标的评价模型。

（1）评价指标与水土保持措施适宜性在一定范围内呈正相关关系（如土层厚度指标对造林措施），而低于或高于此范围评价指标值的变化对水土保持措施适宜性的影响很小。据此，可确定出此类指标的评价标准。建立这类评价指标的隶属函数时，可采用升半梯形分布的隶属函数：

$$\mu(x)=\begin{cases}1, & x\geqslant b\\ \dfrac{x-a}{b-a}, & a<x<b\\ 0, & x\leqslant a\end{cases} \tag{4.11}$$

（2）评价指标与水土保持措施适宜性呈抛物线关系（如降雨量指标对等高耕作措施）。这类评价指标对水土保持措施有一个最佳适宜范围，超过此范围，随着指标偏离程度的增大，对水土保持措施正常作用的发挥越不利，直至水土保持措施不能发挥应有的作用。据此，可确定出此类指标的评价标准。在建立这类评价指标的隶属函数时，可采用将抛物线近似为梯形分布的隶属函数：

$$\mu(x)=\begin{cases}1, & b_1 \leqslant x \leqslant b_2 \\ \dfrac{x-a_1}{b_1-a_1}, & a_1 < x < b_1 \\ \dfrac{a_2-x}{a_2-b_2}, & b_2 < x < a_2 \\ 0, & x \leqslant a_1 \text{ 或 } x \geqslant a_2\end{cases} \tag{4.12}$$

（3）评价指标与水土保持措施适宜性在一定范围内呈负相关关系（如土壤侵蚀速率指标对水土保持措施），而低于或高于此范围评价指标值的变化对水土保持措施适宜性影响很小。此范围的上下界即是此类指标的评价标准。在建立这类评价指标的隶属函数时，可采用降半梯形分布的隶属函数：

$$\mu(x)=\begin{cases}1, & x \leqslant a \\ \dfrac{b-x}{b-a}, & a < x < b \\ 0, & x \geqslant b\end{cases} \tag{4.13}$$

（4）评价指标是定性描述的。对于此类评价指标，不能将评价指标与水土保持措施适宜性的关系定量化，评价指标值只能有适宜（属于某集合 $\boldsymbol{A}$）和不适宜（不属于某集合 $\boldsymbol{A}$）这两种情况。当建立这类评价指标的隶属函数时，可采用经典集合论中的特征函数：

$$\mu(x)=\begin{cases}1, & x \in \boldsymbol{A} \\ 0, & x \notin \boldsymbol{A}\end{cases} \tag{4.14}$$

4.4.3　综合评价

水土保持适宜性是各评价指标综合作用的结果，因而在对各指标进行单独评价之后，需要采用一定的方法将单项指标评价的结果转换成由评价指标体系构成的水土保持措施适宜性评价结果，即要对水土保持适宜性进行综合评价。科学的水土保持措施适宜性综合评价方法应能同时考虑各评价指标间的交互作用和各评价指标的权重对水土保持适宜性评价结果的影响。在综合分析和研究目前常用的综合评价方法的基础上，结合加权求和与几何平均方法来建立水土保持措施适宜性综合评价的数学模型：

$$\mathrm{SI}=\sqrt{\left(\sum_{i=1}^{m} w_i \cdot \mu(x_i)\right)\cdot\left(\sum_{j=1}^{n} w_j \cdot \mu(x_j)\right)} \tag{4.15}$$

式中：SI 为综合适宜性指数，它反映所有评价指标对水土保持措施的综合适宜性大小；$\mu(x)$ 为各评价指标的适宜性指数，它反映各评价指标对水土保持措施的适宜性大小；w 为各评价指标的权重，它的大小反映各评价指标的相对重要性；$w \cdot \mu(x)$ 体现各评价指标对水土保持措施适宜性的贡献大小；评价指标体系内的加权求和运算体现各评价指标对水土保持措施适宜性贡献大小的迭加性；评价指标体系之间几何平均运算体现两套评价指标体系的不可替代性。由此可见，上述水土保持措施适宜性综合评价模型充分考虑了单个评价指标、评价指标权重、评价指标间交互作用和评价指标体系间交互作用对水土保持措施适宜性的共同影响，表达科学合理，计算简捷方便，所得结果能综合反映水土保持措施适宜性的实际大小。

由水土保持措施适宜性综合评价的数学模型计算所得出的水土保持措施适宜性指数是介于 0～1 的数值。对于特定的水土保持措施而言，当土壤条件、自然环境条件和社会经济条件完全满足水土保持措施的要求，措施的产出效益完全达到当地农民的期望时，水土保持措施适宜性指数为 1；反之，当土壤条件、自然环境条件和社会经济条件对水土保持措施限制程度的增加以及当地农民对措施产出效益的满意程度下降时，水土保持措施适宜性指数逐渐减小，直到完全不适宜采用这种水土保持措施时，水土保持措施适宜性指数为 0。

4.5　小　　结

水土保持措施的内涵是指为了选择适宜的水土保持措施，实现防治水土流失和促进农村社会经济发展的目的，通过建立科学合理的评价指标体系，采用科学的方法对不同措施在某一特定区域的适宜程度进行综合评价的过程。水土保持措施在一个区域是否适宜，包含水土保持措施对区域各种条件的要求和区域内的人们对水土保持措施产出效益的期望两方面，即措施实施地的土壤条件、自然环境条件和社会经济条件满足措施要求的程度和措施的水土保持效益、自然环境效益和社会经济效益达到当地人们期望的程度。因此，人们面对是否采用水土保持措施，以及采用哪种类型的水土保持措施等问题时，一般都要从“求–供”和“产–望”两方面来考虑，前者反映客观上的容许条件和可行性，后者反映人们主观的意愿和期望。

水土保持措施适宜性评价指标体系的构建除了应遵循科学性、系统性、可操作性、可比性等建立评价指标体系的一般原则外，还应该遵循主观与客观相结合原则、定性与定量相结合原则、自然和社会相结合原则。根据水土保持措施适宜性评价的基本内涵，按照建立水土保持措施适宜性评价指标体系的原则，建立水土保持措施适宜性评价的“双套对偶评价指标体系”，即“求–供”评价指标体系和“产–望”评价指标体系。

在确定评价指标对水土保持措施适宜性的作用方式及各指标的评价标准的基础上，应用模糊数学方法建立单项指标评价模型，提出结合加权求和与几何平均方法来建立水土保持措施适宜性综合评价的数学模型。

第 5 章　紫色土区典型水土保持措施适宜性的比较评价

本章是水土保持措施适宜性评价指标体系与评价方法在“点”尺度上的应用，即评价不同水土保持措施在同一区域的适宜程度。在四川紫色土区具有代表性的盐亭县林园村和遂宁市群力村进行实证研究，分别比较两个研究区内较为普遍的梯田、等高耕作、退耕还林、退耕还草 4 种水土保持措施的适宜程度。

5.1　研究区概况

紫色土区是四川甚至全国重要的粮食和经济作物产区，四川紫色土区用占四川总土地面积不到 30%的土地，养活了四川将近 90%的人口（李仲明 等，1991）。紫色土丘陵区是长江中上游土壤侵蚀十分严重的区域之一，以水力侵蚀和耕作侵蚀为主，分别占到总侵蚀量的 20%～60%和 40%～80%（Zhang et al.，2006）。紫色土的侵蚀主要在农耕地，强度侵蚀区主要分布在盆中丘陵区及龙泉山区的部分地带。四川盆地丘陵区总土地面积 15.8×10^4 km^2，主要为紫色土，水土流失面积达 7.71×10^4 km^2，占区内总土地面积的 48.8%，年流失表土 3.77×10^8 t，占全省土壤侵蚀量的 36.7%。

紫色土丘陵区属中亚热带湿润季风气候，高温多雨，年平均温度 17～18℃，80%的降水集中于 5～8 月的雨季，且多暴雨，大部分地区年降雨量在 800～1 000 mm。平均海拔在 400～600 m。土壤母质以侏罗系、白垩系紫红色砂岩、泥岩为主，在流水的长期侵蚀切割下形成了千姿百态的丘陵和纵横交织的沟谷。该区雨热同期，地表物质风化强烈，成土作用迅速，母质风化度低，土壤发育浅，加上人类活动的长期影响，天然植被稀疏，水力侵蚀十分严重。该区以人工种植的树、草等植被为主，零星分布有少量的自然植被。土层较薄和坡度较陡的部分土地实施了退耕还林，但是还存在大量种植农作物的坡耕地，而且缺乏必要的灌溉条件。因此，自 20 世纪 70 年代以来，四川紫色土丘陵区实施了“长防”“长治”工程，小流域综合治理等水土保持措施，其中梯田、等高耕作、退耕还林、退耕还草 4 种类型的措施较为普遍。根据数据的可获得性及研究区的代表性，在四川紫色土丘陵区选取了两个村进行不同水土保持措施适宜性的比较评价的实证研究。

5.1.1 基本情况

1. 林园村

林园村隶属四川省盐亭县林山乡，位于 105°27′ E 和 31°16′ N，与中国科学院盐亭紫色土农业生态试验站相邻。盐亭站是全国生态研究网络台站之一，自 1995 年建立以来，对梯田、等高耕作、退耕还林、退耕还草等水土保持措施进行了长期定位观测试验，积累了大量的数据和资料，为本研究提供了可靠的基础信息。林园村地处四川盆地中北部，海拔为 400～600 m，地貌类型以中丘和深丘为主，岩性主要为白垩系紫红色砂泥岩、砾岩及侏罗系红色泥岩、砂岩。出露基岩为侏罗系和白垩系的砂泥岩，发育的土壤为黄棕紫色泥土与黄红紫色泥土，土壤以钙质紫色土为主。该地区属中亚热带湿润季风气候，气候温和，四季分明，热量充足，雨量充沛，年平均气温 17.3℃，≥10℃积温约为 5 462℃，无霜期 294 天，农作物一年两熟。年均降雨量 826 mm，降雨主要集中在夏季，且多暴雨。植被以桤柏混交林为主，主要树种有桤木、柏木、桑树、马桑、黄荆等，林下草被多为禾本科、莎草科、菊科、豆科等（刘刚才 等，2005）。

2014 年林园村土地总面积 157 hm^2，土地利用以农用地为主，其中耕地面积 51 hm^2，包括 13 hm^2 水田和 38 hm^2 旱地。种植业以粮食作物为主，农作物栽培品种主要有玉米、红薯、棉花、小麦、油菜和水稻。全村总户数为 152 户，总人口为 523 人，其中劳动力人口为 352 人。在劳动力人口中，从事非农行业的有 202 人，占劳动力总数的 57.4%。全村人均纯收入约为 4 950 元，其中 3326 元来自非农行业收入，占人均纯收入的 67.2%。

2. 群力村

群力村隶属四川省遂宁市聚贤乡，地理位置为 105°28′51″ E 和 30°21′51″ N，距离盐亭县林园村大约 130 km，与四川省遂宁水土保持试验站相邻。遂宁站自 1991 年建立以来，对梯田、等高耕作、退耕还林、退耕还草等水土保持措施进行了长期定位观测试验，并获得大量的试验观测数据，也为本研究提供了可靠的基础资料。群力村地处四川盆地中部嘉陵江中下游丘陵区，琼江流域上游，平均海拔约 420 m，地貌以丘陵为主，母岩为侏罗系遂宁组岩层发育而成的紫色土，土壤结构差，持水量小，保水能力差，pH 呈中性到微碱性，有机质含量低，抗冲刷和抗蚀能力较弱（何丙辉 等，2004）。该地区属亚热带湿润气候，气候温和，四季分明，冬暖春早，热量丰富，无霜期长，雨量充足，日照偏少。年平均气温为 17.4℃。多年平均降雨量 993.3 mm，主要集中在 7～9 月，占全年降雨总量的 50.5%，平均无霜期 296 天。植被以桤柏混交林为主，主要树种有桤木、柏木、马桑、黄荆、铁仔、牛奶子、野漆树等，林下草种有知风草、羊胡子草、拟金茅等。

群力村土地总面积 102 hm^2，土地利用以农用地为主，其中耕地面积 68 hm^2，包括 27 hm^2 水田和 41 hm^2 旱地。种植业以粮食作物为主，农作物栽培品种主要有水稻、玉米、小麦、红薯、胡豆、油菜、花生等。2011 年全村总户数为 340 户，总人口为 1 231 人，其中劳动力数量为 600 人。在劳动力人口中，从事非农行业的有 362 人，占劳动力总数的 60.3%。全村人均纯收入约为 5 200 元，其中 3 700 元来自非农行业收入，占人均纯收入的 71.2%。

5.1.2　水土保持概况

在过去的计划经济体制下，由于农村劳动力过剩，由政府主导并投资实施了大量的坡改梯工程。1989 年后国家把长江上游的嘉陵江中下游地区列为全国水土保持重点治理区，25°以下坡耕地实施坡改梯。林园村和群力村以水平梯田为主，冬季至春季期间通常采取小麦和油菜间作，而夏季至秋季期间多为玉米和红薯间作。

等高耕作是在坡地上沿等高线进行耕作的水土保持农业技术。经过政府长期的政策鼓励和技术指导，这项水土保持措施在研究区得到了一定程度的推广应用，部分当地农民将顺坡耕作改为等高耕作。这项措施以垄和沟为基本单元，沟垄的设计主要根据当地习惯在每年夏季进行，通常垄宽 80 cm，沟宽 70 cm，沟底到垄顶的高度为 20 cm。冬季到春季的农作物，垄上种小麦，沟内种油菜。夏季到秋季的农作物，垄上种红薯，沟内种玉米。

自 1970 年以来，四川紫色土丘陵区实施了“长防”“长治”工程，形成了大面积以桤柏混交林为主的水土保持林。近年来，为治理长江中上游大面积的坡耕地，国家要求≥25°坡耕地和 15°～25°不宜耕坡地实行退耕还林还草。在林园村，主要种植的经济树种有柚子和核桃，其中柚子以 4 m×5 m 为一单元种植，种植三年后开始产出，核桃以 6 m×8 m 为一单元种植，种植四年后开始产出。在群力村，主要种植梨树（Pyrus spp.），以 5 m×6 m 为一单元种植，通常种植三年后开始产出。研究区主要种植的草种为黑麦草，以 0.3 m 间隔进行带状种植。

5.2　评价指标体系及其指标权重的确定

5.2.1　评价指标的选取

邀请多名在紫色土丘陵区水土保持研究方面有渊博知识、丰富经验的专家和有丰富水土保持实践经验的当地农民参加问卷调查，将水土保持措施适宜性评价的背景、目的及建立“双套对偶评价指标体系”的基本原理告诉他们，并让他们根据自己的知识和经验填写调查问卷，选择对研究区所选水土保持措施有重要影响的指标。收集问卷并汇总统计，作为选取评价指标的重要参考依据。最后，在充分了解梯田、等高耕作、退耕还林和退耕还草的技术特点和防蚀机理的基础上，考虑研究区的区域特点及数据的可获得性，参考问卷调查结果，确定“求–供”评价指标体系共 13 个指标（表 5.1），“产–望”评价指标体系共 9 个指标（表 5.2）。

表 5.1　“求–供”适宜性评价指标的评价模型、评价标准及其权重

评价指标	指标类型	指标单位	评价模型	评价标准				权重	
				梯田	等高耕作	退耕还林	退耕还草	当地农民	专家
X_1：土壤可蚀性	定性		式（4.14）	高	高	高	高	0.047	0.118
X_2：土壤质地	定性		式（4.14）	壤土	壤土	砂土，壤土	砂土，壤土	0.066	0.066

续表

评价指标	指标类型	指标单位	评价模型	评价标准				权重	
				梯田	等高耕作	退耕还林	退耕还草	当地农民	专家
X_3：土壤肥力	定性		式（4.14）	高，中	高，中	中，低	中，低	0.101	0.079
X_4：土壤排水能力	定性		式（4.14）	好	好	好	好	0.047	0.057
X_5：土壤持水能力	定性		式（4.14）	高，中，低	高	高，中	高	0.068	0.073
X_6：平均土壤厚度	定量	cm	式（4.11）	20-50	20-50	20-80	20-40	0.066	0.068
X_8：平均坡度	定量	（°）	式（4.12）	0-20-25-40	0-10-15-25	0-25-35-45	0-25-35-45	0.041	0.095
X_{10}：年平均降雨量	定量	mm	式（4.12）	0-750-1 500	0-750-1 500	0-500-1 500	0-500-1 500	0.099	0.092
X_{11}：年平均气温	定量	℃	式（4.12）	0-15-20-40	0-15-20-40	0-15-20-40	0-15-20-40	0.076	0.047
X_{13}：建设需求投资	定量	元/（$hm^2 \cdot a$）	式（4.11）	4 963±1 023①	2482±599①	4 343±921①	1 022±138①	0.119	0.114
X_{14}：维护需求投资	定量	元/（$hm^2 \cdot a$）	式（4.11）	1 530±260①	955±190①	2 183±318①	1 019±127①	0.089	0.088
X_{15}：农村劳动力密度	定量	人/hm^2	式（4.11）	3.81±0.33①	0.32±0.07①	0.26±0.12①	0.13±0.05①	0.119	0.055
X_{20}：农业机械化程度	定性		式（4.14）	高，中	高，中	高，中，低	高，中，低	0.062	0.048

①平均值和标准差，平均值作为评价标准。“-”为评价标准临界范围

表 5.2 “产–望”适宜性评价指标的评价模型、评价标准及其权重

评价指标	指标类型	指标单位	评价模型	评价标准（期望值）	权重	
					当地农民	专家
Y_1：土壤侵蚀速率	定量	t/（$hm^2 \cdot a$）	式（4.13）	10-50	0.045	0.136
Y_2：径流系数	定量		式（4.13）	0.12-0.6	0.050	0.128
Y_3：土壤肥力	定性		式（4.14）	高	0.106	0.142
Y_5：生物多样性	定性		式（4.14）	高	0.056	0.108
Y_{10}：土地生产率	定量	t/（$hm^2 \cdot a$）	式（4.11）	7.5±0.7①	0.158	0.129
Y_{11}：土地纯收益率	定量	元/（$hm^2 \cdot a$）	式（4.11）	58 957±3 631①	0.175	0.088
Y_{12}：人均年纯收入	定量	元	式（4.11）	11 791±782①	0.184	0.106
Y_{13}：投资回报期	定量	年	式（4.13）	1±0.5①	0.109	0.078
Y_{15}：商品化率	定性		式（4.14）	高	0.117	0.085

①平均值和标准差，平均值作为评价标准。“-”为评价标准临界范围

5.2.2 指标权重的确定

从专家和农民两个角度，采用德尔菲法来确定各评价指标的权重，具体步骤如下。

（1）选择专家。将水土保持措施适宜性评价指标体系的选取结果反馈给评价指标选取过程中的专家和当地农民，让他们对指标权重做出概率估计。

（2）设计指标权重征询表。根据确定的针对水土保持措施适宜性比较评价的指标体系，分别设计“求–供”和“产–望”两套评价指标权重调查表。表格中包括评价指标，以及上轮指标得分的平均值、方差、权重值等。

（3）意见征询和信息反馈。在林园村随机选择了 15 位当地农民进行评价指标的意见征询。同时，以邮件的形式向 12 位专家征询意见。结果，有 13 位当地农民和 9 位专家返回了征询意见表。邀请的专家和当地农民分别对征询表中的每个指标做出评价，每个指标的分值介于 0～100 分，但是要求每套评价指标体系中指标得分的总和为 100。征询表收回后，进行统计处理，求出其均值与方差，将这些信息反馈给专家，并对专家进行再征询。经过两轮的征询后，第二轮和第一轮方差的离散程度没有显著差异，专家征询结束。

（4）权重的确定。以第二轮专家和当地农民的征询表为基础，对各评价指标的得分进行归一化处理，得到各评价指标的权重，结果见表 5.1 和表 5.2。

5.3　数据获取与评价标准的确定

评价指标数据主要通过试验观测、实地采样、问卷调查等方式获取；指标的评价标准主要通过参考现有研究成果、咨询专家、实地调查、问卷调查等形式确定。2008 年 11 月和 2009 年 10 月，分别对林园村和群力村的当地农民进行了实地调查，并让他们填写了结构化调查表。在调查过程中，林园村的 152 户家庭和群力村的 340 户家庭中分别有 93%和 89%的家庭返回了调查表。此外，分别与林园村的 35 位当地农民和群力村的 52 位当地农民进行了交流和讨论，补充和修正了调查表的信息。

5.3.1　评价指标的“要求值”和“提供值”

“求–供”评价指标体系中，指标的“提供值”主要通过实地采样测试分析和调查获得，林园村和群力村的指标“提供值”分别见表 5.3 和表 5.4。

表 5.3　林园村“求–供”适宜性单项指标评价结果

评价指标	提供值	适宜性指数			
		梯田	等高耕作	退耕还林	退耕还草
X_1：土壤可蚀性	高	1	1	1	1
X_2：土壤质地	壤土	1	1	1	1
X_3：土壤肥力	中	1	1	1	1
X_4：土壤排水能力	好	1	1	1	1
X_5：土壤持水能力	中	1	0	1	0
X_6：平均土壤厚度	50±40①	1	1	0.5	1
X_8：平均坡度	20±10①	1	0.5	0.8	0.8

续表

评价指标	提供值	适宜性指数			
		梯田	等高耕作	退耕还林	退耕还草
X_{10}：年平均降雨量	850±144①	0.87	0.87	0.65	0.65
X_{11}：年平均气温	17.6±1.3①	1	1	1	1
X_{13}：可用建设投资	2 947±843①	0.59	1	0.68	1
X_{14}：可用维护投资	1 276±523①	0.83	1	0.58	1
X_{15}：农村劳动力密度	2.94±1.47①	0.76	1	1	1
X_{20}：农业机械化程度	低	0	0	1	1

①平均值和标准差，采用平均值计算适宜性指数

表 5.4　群力村“求–供”适宜性单项指标评价结果

评价指标	提供值	适宜性指数			
		梯田	等高耕作	退耕还林	退耕还草
X_1：土壤可蚀性	高	1	1	1	1
X_2：土壤质地	壤土	1	1	1	1
X_3：土壤肥力	中	1	1	1	1
X_4：土壤排水能力	好	1	1	1	1
X_5：土壤持水能力	低	1	0	0	0
X_6：平均土壤厚度	60±30①	1	1	0.33	1
X_8：平均坡度	30±20①	0.67	0	1	1
X_{10}：年平均降雨量	905±127①	0.79	0.79	0.60	0.60
X_{11}：年平均气温	17.8±1.5①	1	1	1	1
X_{13}：可用建设投资	3 474±940①	0.70	1	0.80	1
X_{14}：可用维护投资	1 582±601①	1.00	1	0.70	1
X_{15}：农村劳动力密度	2.43±1.33①	0.63	1	1	1
X_{20}：农业机械化程度	低	0	0	1	1

①平均值和标准差，采用平均值计算适宜性指数

在田间和试验小区 0～20 cm 土层分别采混合土样，采用标准方法对土壤理化性质进行分析测试（刘光崧等，1996；中国科学院南京土壤研究所，1978）：土壤容重的测定采用环刀法；土壤颗粒组成的测定采用吸管法；有机质含量的测定采用重铬酸钾–稀释热法，计算出有机碳量，再乘以常数 1.724 得到有机质含量；全氮的测定采用半微量开氏法；有效氮的测定采用蒸馏法；全磷的测定采用高氯酸–硫酸酸溶–钼锑抗比色法；有效磷的测定采用碳酸氢钠浸提–钼锑抗比色法；全钾的测定采用氢氟酸–高氯酸消煮–火焰光度法；速效钾的测定采用乙酸铵浸提–火焰光度法。

根据紫色土的特点将土壤属性的相关评价指标进行分类定级（李仲明 等，1991），土壤质地分为砂土、壤土、黏土三种类型，土壤肥力分为高、中、低三个等级，土壤排水能力分为好、中、差三个等级，土壤持水能力分为高、中、低三个等级。土壤可蚀性应用EPIC模型计算土壤可蚀性因子（K），再根据分级标准将K划分为高、中、低三个等级（梁音 等，1999）。

土壤厚度和坡度分别通过田间调查和典型地块调查获得。气象数据来自盐亭站和遂宁站1990～2008年的长期观测数据，包括年平均降雨量和年平均气温。

社会经济指标的“提供值”主要通过和当地农民讨论并填写调查问卷的方式确定，包括农村劳动力密度、农业机械化程度、可用建设投资、可用维护投资。

“求–供”评价指标体系中，土壤可蚀性、土壤质地、土壤肥力、土壤排水能力、土壤持水能力、平均土壤厚度、平均坡度、年平均降雨量、年平均气温、农业机械化程度的“要求值”主要通过参考水土保持技术手册（王礼先 等，2004）和总结WOCAT数据库中水土保持措施成功案例（梯田、等高耕作、退耕还林、退耕还草）的适宜条件来确定。建设需求投资、维护需求投资和农村劳动力密度的“要求值”主要通过在研究区的实地调查来确定。本章中4种措施的“要求值”，即指标的评价标准，见表5.1。

5.3.2　评价指标的“产出值”和“期望值”

“产–望”评价指标体系中，指标的“产出值”和“期望值”主要通过试验观测、实地采样测试分析和问卷调查等方式获得，林园村和群力村的指标“产出值”和“期望值”分别见表5.2、表5.5和表5.6。

表5.5　林园村“产–望”适宜性单项指标评价结果

评价指标	产出值				适宜性指数			
	梯田	等高耕作	退耕还林	退耕还草	梯田	等高耕作	退耕还林	退耕还草
Y_1：土壤侵蚀速率	10±2.7①	15±4.6①	20±5.4①	8±2.1①	1	0.88	0.75	1
Y_2：径流系数	0.11±0.08①	0.18±0.09①	0.20±0.10①	0.16±0.07①	1	0.88	0.83	0.92
Y_3：土壤肥力	中	中	中	中	0	0	0	0
Y_5：生物多样性	中	中	高	高	0	0	1	1
Y_{10}：土地生产率	5.0±0.7①	4.5±0.4①	14.5±2.1①	8.0±1.8①	0.67	0.6	1	1
Y_{11}：土地纯收益率	29 478±2 213①	26 530±2 283①	44 218±3 276①	66 327±4 743①	0.50	0.45	0.75	1
Y_{12}：人均年纯收入	5 895±704①	5 306±606①	8 843±1 037①	13 266±1 147①	0.50	0.45	0.75	1
Y_{13}：投资回报期	5.5±1.5①	1.5±0.5①	2.5±1.0①	1.0±0.5①	0	0.88	0.63	1
Y_{15}：商品化率	中	中	高	高	0	0	1	1

①平均值和标准差，采用平均值计算适宜性指数

表 5.6 群力村“产–望”适宜性单项指标评价结果

评价指标	产出值				适宜性指数			
	梯田	等高耕作	退耕还林	退耕还草	梯田	等高耕作	退耕还林	退耕还草
Y_1：土壤侵蚀速率	11.5±3.8①	13.6±5.2①	21.5±6.3①	8.6±2.8①	0.96	0.91	0.71	1
Y_2：径流系数	0.13±0.06①	0.20±0.11①	0.21±0.12①	0.17±0.07①	0.98	0.83	0.81	0.90
Y_3：土壤肥力	中	中	中	中	0	0	0	0
Y_5：生物多样性	中	中	高	高	0	0	1	1
Y_{10}：土地生产率	4.7±0.5①	4.3±0.4①	13.2±3.1①	7.6±1.4①	0.63	0.57	1	1
Y_{11}：土地纯收益率	27 710±2 731①	25 351±2 064①	40 253±3 549①	63 011±4 204①	0.47	0.43	0.68	1
Y_{12}：人均年纯收入	5 542±766①	5070±631①	8 050±976①	12 602±1 151①	0.47	0.43	0.68	1
Y_{13}：投资回报期	5.5±1.2①	1.5±0.2①	2.2±0.8①	1.2±0.2①	0	0.88	0.7	0.95
Y_{15}：商品化率	中	中	高	高	0	0	1	1

①平均值和标准差，采用平均值计算适宜性指数

土壤侵蚀速率和径流系数来自盐亭站试验小区 14 年（1995～2008 年）和遂宁站试验小区 18 年（1991～2008 年）的观测数据。两个站点的试验小区均长 20 m，宽 5 m，坡度为 12°，包括 4 个处理：①水平梯田（坡度大约为 3°），种植玉米和红薯；②等高耕作，种植玉米和红薯；③退耕还林，盐亭站种植的是柚和核桃，遂宁站种植的是梨树；④退耕还草，种植的是黑麦草。在盐亭站和遂宁站的试验小区，每次降雨后人工观测各池子的水位，并量取径流样，于室内加明矾或其他沉淀剂沉淀，再烘干称重，确定径流中的蚀沙量，最后由有关池子和小区的参数，计算各小区的侵蚀模数和径流系数（Liu et al., 2001）。土壤侵蚀速率的“期望值”，即容许土壤流失量，是基于 Liu 等（2009）对紫色土成土速率的研究成果。径流系数的“期望值”确定为梯田的径流系数观测值。

土壤肥力的“产出值”根据盐亭站和遂宁站试验小区采样分析的土壤有机质含量、质地、容重、营养元素等数据进行评价分级（李仲明 等，1991），分为高、中、低三个等级。土壤肥力的“期望值”通过问卷调查确定。

生物多样性、土地生产率、投资回报期、商品化率、人均年纯收入、土地纯收益率“产出值”和“期望值”主要通过和当地农民讨论并填写调查问卷的方式获得。

5.4 结果与分析

5.4.1 评价指标权重的差异性分析

为了分析由研究专家和当地农民确定的指标权重结果之间的差异，分别对“求–供”评价指标体系和“产–望”评价指标体系中每个指标权重进行独立样本 t 检验。由图 5.1

和图 5.2 可以看出，“求–供”评价指标体系中土壤可蚀性、平均坡度和农村劳动力密度三个指标的权重存在显著差异（$P>0.05$），研究专家确定的土壤可蚀性和平均坡度的权重明显高于当地农民确定的权重，而当地农民确定的农村劳动力密度的权重则明显比研究专家确定的权重高；“产–望”评价指标体系中所有指标的权重均存在显著差异（$P>0.05$），其中研究专家确定的水土保持效益指标和自然环境效益指标的权重明显高于当地农民确定的权重，而当地农民确定的社会经济效益指标的权重则明显高于研究专家确定的权重。

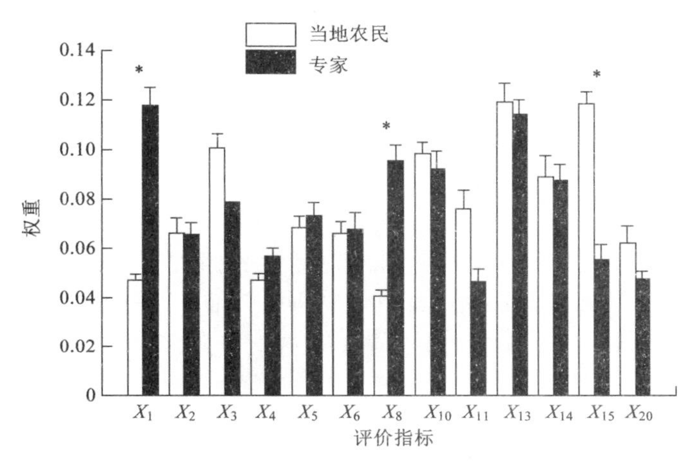

图 5.1　“求–供”适宜性评价指标的权重比较

*表示评价指标权重差异显著（$P>0.05$）

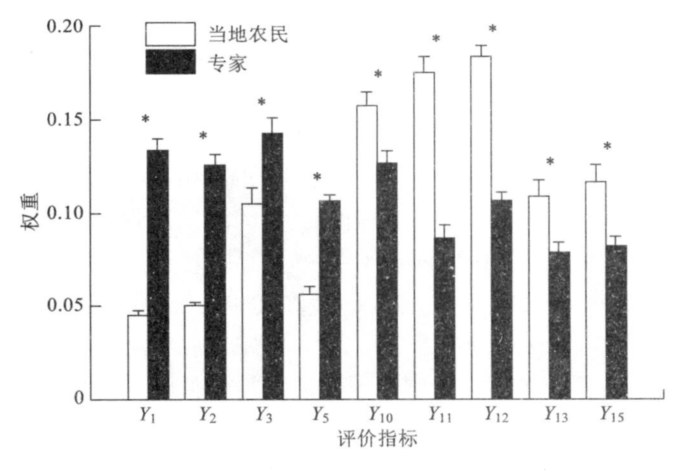

图 5.2　“产–望”适宜性评价指标的权重比较

*表示评价指标权重差异显著（$P>0.05$）

结果表明，研究专家主要是从水土流失防治的需求来考虑是否适宜采取水土保持措施。土壤可蚀性和坡度是决定水土流失的两个关键因素，因此也成为实施水土保持措施的重要参考依据（李秋艳　等，2009；梁音　等，1999）。相反地，由于农村劳动力向城镇转移，农村剩余劳动力大量减少，当地农民主要是从措施实施的角度来考虑是否适宜实施水土保持措施。Tenge 等（2005）通过对农民的调查发现，当地农民认为农村劳动力是实施水土保持措施的主要成本，也是决定当地农民是否采用水土保持措施的重要因素之一（Paudel et al.,2004）。近年来，水土保持措施的社会经济效益逐渐引起许多学者的重视（孙昕 等，2009；王刚 等，2006），但是研究人员的重点还是侧重于水土保持措施的防蚀机理和减水减沙效益（袁希平 等，2004）。因此，关于水土保持效益评价的研究中，水土保持效益和自然环境效益指标的权重一般高于社会经济指标的权重（孙昕 等，2009）。相比之下，当地农民则关心的是措施给他们带来的社会经济效益（de Graaff et al.，2008；Tenge et al.，2005）。

5.4.2 单项指标适宜性评价结果

从表 5.3 可以看出，林园村“求–供”适宜性单项指标评价结果中，4 种措施对土壤条件的适宜性都较好，而措施对自然环境条件和社会经济条件的适宜性表现出一定的差异。梯田的主要限制条件（即单项指标评价值较低）是可用建设投资、农村劳动力密度和农业机械化程度；等高耕作的主要限制条件是土壤持水能力、平均坡度和农业机械化程度；退耕还林的主要限制条件是平均土壤厚度、年平均降雨量、可用建设投资和可用维护投资；土壤持水能力和年平均降雨量对退耕还草有一定的制约。

从表 5.4 可以看出，群力村“求–供”适宜性单项指标评价结果中，四种措施同样对土壤条件的适宜性较好，而措施对自然环境条件和社会经济条件的适宜性表现出明显的差异。梯田的主要限制条件是平均坡度、可用建设投资、农村劳动力密度和农业机械化程度；等高耕作的主要限制条件是土壤持水能力、平均坡度和农业机械化程度；退耕还林的主要限制条件是土壤持水能力、平均土壤厚度、年平均降雨量和可用维护投资；土壤持水能力和年平均降雨量对退耕还草有一定的制约作用。

从表 5.5 可以看出，林园村“产–望”适宜性单项指标评价结果中，4 种措施的水土保持效益基本上能够满足人们的期望，而措施的社会经济效益则大部分不能满足人们的期望。梯田的减水减沙效益，等高耕作的减水减沙效益和投资回报期，退耕还林的生物多样性、土地生产率、商品化率，退耕还草的大部分效益满足人们期望的程度较高。

从表 5.6 可以看出，群力村“产–望”适宜性单项指标评价结果中，4 种措施的水土保持效益满足人们期望的程度较高，而措施的社会经济效益满足人们期望的程度较低。梯田的减水减沙效益，等高耕作的减水减沙效益和投资回报期，退耕还林的生物多样性、土地生产率、商品化率，退耕还草的大部分效益都能满足人们的期望。

5.4.3 综合适宜性评价结果

在林园村（表 5.7），当采用当地农民确定的指标权重时，措施适宜性大小为退耕还草＞退耕还林＞等高耕作＞梯田；当采用专家确定的指标权重时，措施适宜性大小为退耕还草＞退耕还林＞梯田＞等高耕作。

表 5.7　林园村水土保持措施适宜性评价结果

水土保持措施	当地农民确定的权重			专家确定的权重		
	“求–供”适宜性指数	“产–望”适宜性指数	综合适宜性指数	“求–供”适宜性指数	“产–望”适宜性指数	综合适宜性指数
梯田	0.833	0.380	0.563	0.866	0.448	0.622
等高耕作	0.836	0.435	0.603	0.819	0.465	0.617
退耕还林	0.849	0.834	0.841	0.842	0.774	0.807
退耕还草	0.889	0.801	0.844	0.876	0.799	0.837

在群力村（表 5.8），当采用当地农民确定的指标权重时，措施适宜性大小为退耕还草>退耕还林>等高耕作>梯田；当采用专家确定的指标权重时，措施适宜性大小为退耕还草>退耕还林>梯田>等高耕作。

表 5.8　群力村水土保持措施适宜性评价结果

水土保持措施	当地农民确定的权重			专家确定的权重		
	“求–供”适宜性指数	“产–望”适宜性指数	综合适宜性指数	“求–供”适宜性指数	“产–望”适宜性指数	综合适宜性指数
梯田	0.824	0.360	0.545	0.846	0.429	0.602
等高耕作	0.808	0.423	0.585	0.765	0.457	0.591
退耕还林	0.797	0.839	0.818	0.795	0.772	0.783
退耕还草	0.892	0.770	0.829	0.890	0.780	0.833

5.4.4　评价结果验证

通过实地调查发现，林园村从 1990 年以来梯田的实际推广面积为 0.4 hm^2，等高耕作为 2.18 hm^2，退耕还林为 4.64 hm^2，退耕还草为 5.36 hm^2，即推广面积的大小次序为退耕还草>退耕还林>等高耕作>梯田；群力村从 1990 年以来梯田的实际推广面积为 0.23 hm^2，等高耕作为 2.01 hm^2，退耕还林为 6.67 hm^2，退耕还草为 3.89 hm^2，即推广面积的大小次序为退耕还林>退耕还草>等高耕作>梯田。调查结果表明，水土保持措施在林园村和群力村的实际推广情况与适宜性评价结果是基本一致的，从而证明了适宜性评价指标体系和评价方法在研究区应用的可行性及评价结果的正确性。

5.5　小　　结

本章采用第 4 章建立的水土保持措施适宜性评价指标体系和评价模型，以紫色土区代表性的盐亭县林园村和遂宁市群力村为研究区域，选择梯田、等高耕作、退耕还林、退耕还草 4 种典型水土保持措施，从“点”尺度评价这些措施在研究区的适宜程度。

（1）建立的水土保持措施适宜性评价指标体系，能够反映水土保持措施的客观需求和人们的主观期望，评价方法科学合理，计算简捷方便，评价结果能够反映措施的实际适宜程度。

（2）专家和当地农民在指标权重确定过程中存在显著差异，专家偏重措施的水土保持效益和自然环境效益，当地农民则看重的是措施实施后的社会经济效益。

（3）林园村和群力村较为普遍的 4 种水土保持措施中，退耕还草和退耕还林适宜程度较高，等高耕作和梯田的适宜程度较小，与实际推广情况一致。

（4）4 种措施的“求–供”适宜性相差较小，并且适宜性指数都较高；“产–望”适宜性相差较大，在很大程度上决定了综合适宜性评价结果。梯田和等高耕作适宜性较低的主要原因是农村劳动力数量缺乏、农民投资能力低和措施社会经济效益不高。

第 6 章　紫色土区典型水土保持措施适宜性的空间评价

本章是水土保持措施适宜性评价指标体系与评价方法在“面”尺度上的应用，即评价水土保持措施适宜程度的空间分布格局。以四川紫色土区曲水河小流域为研究区域，分别评价梯田、等高耕作、退耕还林、退耕还草四种措施的适宜性在空间上的差异。

6.1　评价指标选取及其权重的确定

6.1.1　评价指标体系及评价标准

以建立的“双套对偶评价指标体系”为基础，考虑水土保持措施适宜性的空间评价的特点和研究区数据的可获得性，确定“求–供”评价指标体系共 12 个指标（表 6.1），“产–望”评价指标体系共 11 个指标（表 6.2）。“求–供”评价指标体系与第 3 章比较评价的指标体系相比，由于统计资料中难以将农民的可用建设投资和可用维护投资区分开来，减少了维护需求投资指标及其对应的可用维护投资指标，通过农民人均年收入确定可用建设投资。“产–望”评价指标体系相比第 3 章比较评价的指标体系增加了植被覆盖度和减轻自然灾害，主要考虑到水土保持措施的这两个效益在空间上具有明显差异，对措施适宜性的空间分布具有重要影响。对研究区进行实地调查后，认为评价标准可以参照不同水土保持措施适宜性的比较评价中确定的评价指标的“要求值”和“产望值”。

表 6.1　“求–供”适宜性评价指标的评价模型、评价标准及其权重

准则层	指标层	指标类型	指标单位	评价模型	评价标准（要求值）				权重
					梯田	等高耕作	退耕还林	退耕还草	
土壤条件	X_1：土壤可蚀性	定量	t·h/（MJ·mm）	式（4.11）	0-0.046	0-0.046	0-0.046	0-0.046	0.108
	X_2：土壤质地	定性		式（4.14）	壤土	壤土	砂土，壤土	砂土，壤土	0.028
	X_3：土壤肥力	定性		式（4.14）	高，中	高，中	高，中，低	高，中，低	0.055
	X_4：土壤排水能力	定性		式（4.14）	好	好	好	好	0.027
	X_5：土壤持水能力	定性		式（4.14）	高，中，低	高	高，中	高	0.036
	X_6：平均土壤厚度	定量	cm	式（4.11）	20-50	20-50	20-80	20-40	0.036

续表

准则层	指标层	指标类型	指标单位	评价模型	评价标准（要求值）				权重
					梯田	等高耕作	退耕还林	退耕还草	
自然环境条件	X_8：平均坡度	定量	（°）	式（4.12）	0-20-25-40	0-10-15-25	0-25-35-45	0-25-35-45	0.185
	X_{10}：年平均降雨量	定量	mm	式（4.12）	0-750-1 500	0-750-1 500	0-500-1 500	0-500-1 500	0.102
	X_{11}：年平均气温	定量	℃	式（4.12）	0-15-20-40	0-15-20-40	0-15-20-40	0-15-20-40	0.068
社会经济条件	X_{13}：建设需求投资	定量	元/（$hm^2 \cdot a$）	式（4.11）	4963	2482	4343	1022	0.170
	X_{15}：农村劳动力密度	定量	人/hm^2	式（4.11）	3.81	0.32	0.26	0.13	0.130
	X_{20}：农业机械化程度	定性		式（4.11）	高，中	高，中	高，中，低	高，中，低	0.055

注：“-”为评价标准临界范围

表 6.2 “产–望”适宜性评价指标的评价模型、评价标准及其权重

准则层	指标层	指标类型	指标单位	评价模型	评价标准（期望值）	权重
水土保持效益	Y_1：容许土壤流失量	定量	t/（$hm^2 \cdot a$）	式（4.13）	8-50	0.155
	Y_2：径流系数	定性		式（4.14）	低	0.104
	Y_3：土壤肥力	定性		式（4.14）	高	0.070
自然环境效益	Y_5：生物多样性	定性		式（4.14）	高	0.085
	Y_6：植被覆盖度	定性		式（4.14）	高	0.127
	Y_8：减轻自然灾害	定性		式（4.14）	高	0.057
社会经济效益	Y_{10}：土地生产率	定量	t/（$hm^2 \cdot a$）	式（4.11）	7.5	0.073
	Y_{11}：土地纯收益率	定量	元/（$hm^2 \cdot a$）	式（4.11）	58 957	0.093
	Y_{12}：人均年纯收入	定量	元	式（4.11）	11 791	0.139
	Y_{13}：投资回报期	定量	年	式（4.13）	1-5	0.058
	Y_{15}：商品化率	定性		式（4.14）	高	0.039

6.1.2 指标权重的确定

由于评价指标体系与第 4 章水土保持措施适宜性比较评价的指标体系相比，部分指标发生了改变，需要重新确定各评价指标的权重。水土保持措施适宜性的空间评价是一个多准则、多层次的空间决策问题，需要确定不同层次指标的权重。以第 3 章通过德尔菲法确定的评价指标权重作为参考，采用定量与定性相结合的层次分析法可以更准确地确定出准则层和指标层各评价指标的权重。具体包括以下四个步骤。

（1）建立层次结构。在“双套对偶评价指标体系”的基础上，将评价指标从“求–供”和“产–望”两个方面分别建立目标层、准则层和指标层。“求–供”适宜性评价指标体系中，把水土保持措施的“求–供”适宜性作为目标层，准则层为影响水土保持措施的土壤条件、自然环境条件和社会经济条件，选出的12个指标作为指标层。“产–望”适宜性评价指标体系中，把水土保持措施的“产–望”适宜性作为目标层，准则层为水土保持措施的水土保持效益、自然环境效益和社会经济效益，选出的11个指标作为指标层。

（2）构造判断矩阵。邀请长期从事水土保持研究的专家参考比较评价中各指标的权重，对每个层次中评价指标相对重要性做出定量判断，加以平衡后最终确定判断矩阵的数值。

（3）层次单排序和一致性检验。根据判断矩阵计算对于上层次中的某元素而言，确定本层次与之有联系的各元素重要性次序的权重值，然后进行一致性检验。在书中，“求–供”适宜性评价指标体系中各准则层的CR分别为0.004、0.000、0.004，都小于0.10，因此表明各判断矩阵具有一致性；“产–望”适宜性评价指标体系各准则层的CR分别为0.000、0.000、0.006，都小于0.10，因此表明各判断矩阵都具有一致性。

（4）层次总排序和一致性检验。利用准则层中所有层次单排序的结果，计算针对目标层而言的指标层所有元素的重要性权重值，层次总排序的结果见表6.1和表6.2。经过一致性检验，得出“求–供”和“产–望”评价指标体系的CR分别为0.000和0.000，都小于0.10，表明层次排序的结果具有满意的一致性。

6.2　数据来源及关键指标的确定

6.2.1　数据来源

“求–供”评价指标体系：土壤条件中（除土壤可蚀性和土壤肥力单独计算外），土壤质地、土壤排水能力、土壤持水能力、平均土壤厚度的数据来源于南充市第二次土壤普查资料，并进行分类定级；自然环境条件中，平均坡度通过DEM计算得到，年平均降雨量和年平均气温来源于地球系统科学数据共享平台的全国多年平均降雨和全国多年平均气温分布图（1 km×1 km）；社会经济条件中，可用建设投资、农村劳动力密度和农业机械化程度来自南充市嘉陵区统计年鉴。

“产–望”评价指标体系：水土保持效益中，径流系数和土壤肥力以水土保持措施的试验观测数据为基础定性确定其等级，土壤侵蚀速率通过经验模型计算得到；自然环境效益中，生物多样性、地表覆盖率和减轻自然灾害以水土保持措施的试验观测数据为基础定性确定其等级；社会经济效益中，土地生产率、土地纯收益率、人均年纯收入、投资回报期和商品化率以水土流失综合治理水土保持效益评价的平均效益为基础计算得到。

“求–供”评价指标体系中的土壤可蚀性和“产–望”评价指标体系中的土壤侵蚀速率采用第3章计算得到的结果。“求–供”评价指标体系中的土壤肥力通过一定的方法计算获得，具体计算过程如下。

6.2.2 关键指标的确定

以曲水河小流域土壤肥力调查采样分析数据为基础，在 GIS 技术支持下，结合遥感数据，采用回归克里格法对土壤肥力评价指标进行空间插值，得到土壤肥力评价指标的空间分布图，再根据全国第二次土壤普查的等级划分标准对曲水河小流域土壤养分肥力状况进行系统评价。

1. 土壤采样数据和遥感影像

评价土壤肥力所需要的土壤理化性质数据主要来自南充市嘉陵区土壤肥力调查的成果，包括土壤有机质含量、全氮、碱解氮、有效磷、速效钾等理化性质。样点采用 GPS 定位，每一个样点在 0～20 cm 土层取混合样 1.5 kg，曲水河小流域共布设了 864 个样点。采用标准方法对土壤理化性质进行分析测试（刘光崧 等，1996；中国科学院南京土壤研究所，1978）：有机质含量的测定采用重铬酸钾–稀释热法，计算出有机碳量，再乘以常数 1.724 得到有机质含量；全氮的测定采用半微量开氏法；碱解氮的测定采用蒸馏法；有效磷的测定采用碳酸氢钠浸提–钼锑抗比色法；速效钾的测定采用乙酸铵浸提–火焰光度法。

遥感数据为 Landsat ETM+陆地卫星影像拼接产品，数据来源于中国科学院计算机网络信息中心国际科学数据服务平台（http://datamirror.csdb.cn）。采用三个全彩色波段合成：7 波段（中红外），以红色显示；4 波段（近红外），以绿色显示；2 波段（可见光绿波段），以蓝色显示。

2. 残差克里格空间插值

采用残差克里格空间插值方法对曲水河小流域土壤养分各指标进行空间插值，得到土壤养分各指标的空间分布图。土壤养分的空间变异是许多因素共同作用的结果，其中起主要作用的因子包括地形和植被。参照国内外相关研究成果，初步选择两个地形指标，以及反映植被覆盖的遥感影像的三个波段值，包括高程、坡度及 ETM7、ETM4、ETM2 三个波段值。采用格拉布斯（Grubbs）检验剔除采样点中土壤养分分析测试数据的异常值，并对剔除异常值的土壤养分数据进行统计分析，见表 6.3。结果显示，土壤养分中有机质的变异较大，其他土壤养分的变异系数介于 20%～35%，总体呈中等变异强度。地形因子中坡度的变异较大，而遥感数据三个波段值的变异性都较大。

表 6.3　土壤养分、地形因子和遥感数据的描述性统计

项目	有机质	全氮	碱解氮	有效磷	速效钾	高程	坡度	ETM7	ETM4	ETM2
样点数	863 个	864 个	863 个	851 个	855 个	864 个	864 个	864 个	864 个	864 个
最小值	5.4 g/kg	0.39 g/kg	32.3 g/kg	1.8 g/kg	39 g/kg	244 m	0°	0	0	0
最大值	35.4 g/kg	1.95 g/kg	221 g/kg	16.1 g/kg	159 g/kg	482 m	28.54°	255	255	255
平均值	15.87 g/kg	0.98 g/kg	123.77 g/kg	7.42 g/kg	90.98 g/kg	324.22 m	6.52°	107.26	136.05	118.50
标准差	6.8	0.32	32.54	2.56	20.18	49.71	4.75	63.10	58.86	54.45

续表

项目	有机质	全氮	碱解氮	有效磷	速效钾	高程	坡度	ETM7	ETM4	ETM2
变异系数	42.82%	33.19%	26.29%	34.56%	22.18%	15.33%	72.91%	58.83%	43.26%	45.95%
偏度系数	0.77	0.61	0.34	0.56	0.99	1.20	1.21	0.11	−0.09	0.15
峰度系数	−0.56	−0.64	−0.30	−0.13	1.34	0.47	1.43	−0.73	−0.70	−0.35

注：ETM7、ETM4、ETM2 分别代表 Landsat ETM+影像的 7、4、2 三个全彩色波段

表 6.4 为土壤养分与地形因子、遥感数据的相关分析。可以看出，土壤养分与高程、坡度有显著的相关性，且均为负相关，表明在海拔较低、坡度较小的地方土壤养分含量较高。在地势较低且湿度较大的平坦地区土壤的养分充足，土壤肥力高，而在海拔较高、土壤水分不充足的山丘区土壤贫瘠，养分较少（张素梅 等，2010）。遥感数据中 ETM7、ETM4 两个波段值与土壤养分具有显著负相关性，表明土壤的养分含量对植被覆盖影响较大。

表 6.4　土壤养分与地形因子、遥感数据的相关分析

变量	高程	坡度	ETM7	ETM4	ETM2
有机质	−0.101**	−0.319**	−0.296**	−0.142**	−0.064
全氮	−0.179**	−0.306**	−0.276**	−0.130**	−0.049
碱解氮	−0.071*	−0.305**	−0.273**	−0.067	−0.049
有效磷	−0.208**	−0.178**	−0.130**	−0.080*	−0.026
速效钾	−0.238**	−0.129**	−0.161**	−0.146**	−0.060
有机质	−0.101**	−0.319**	−0.296**	−0.142**	−0.064

注：ETM7、ETM4、ETM2 分别代表 Landsat ETM+影像的 7、4、2 三个全彩色波段；**表示达到 0.01 的显著水平；*表示达到 0.05 的显著水平

采用回归克里格法，在 SPSS 软件下利用这 5 个影响因子进行土壤养分的逐步回归方程拟合，得到最优的土壤属性空间分布线性回归模型。表 6.5 为应用逐步回归分析拟合的多元线性回归方程系数及模型的检验结果。从回归结果可以看出，ETM7 是预测土壤养分空间分布的最优因子，参与了所有土壤养分空间分布的预测，其次坡度参与了除速效钾外所有土壤养分的预测。ETM4 对土壤养分的空间分布影响较小，仅参与了碱解氮的预测。此外，拟合方程的决定系数值均不高，其值在 0.2 左右。类似的研究结果发现，采用多元线性回归预测土壤属性的决定系数普遍较低（Ballabio，2009），并且相关系数随着研究区域面积的增大而增大（Ziadat，2005）。因此，由于地形和植被覆盖均较复杂，线性模型难以完全解释研究区土壤养分的空间变异，从而影响土壤养分的拟合结果。

表 6.5　土壤养分与地形因子、遥感数据的多元线性回归分析

变量	高程	坡度	ETM7	ETM4	ETM2	常数项	决定系数 R^2	F	Sig.
有机质		−0.329	−0.055		0.039	19.346	0.206	74.126	0.000
全氮	−0.001	−0.013	−0.003		0.002	1.366	0.200	53.845	0.000

续表

变量	高程	坡度	ETM7	ETM4	ETM2	常数项	决定系数 R^2	F	Sig.
碱解氮		−1.516	−0.269	0.058	0.153	136.549	0.191	50.494	0.000
有效磷	−0.01	−0.065	−0.005			11.518	0.177	23.574	0.000
速效钾	−0.1		−0.056			129.561	0.187	40.689	0.000

注：ETM7、ETM4、ETM2 分别代表 Landsat ETM+影像的 7、4、2 三个全彩色波段；显著性水平 a=0.05

根据回归模型参数得到土壤属性回归预测值及回归预测的残差值。运用 GS+地统计软件对回归预测值和残差值进行半方差分析，得到最优的半方差模型。表 6.6 为土壤养分多元回归预测残差值的半方差模型参数。结果显示，土壤养分多元回归残差值的空间自相关性很强，块金值与基台值的比值均小于 25%。土壤养分的变程较小，均在 400～900 m，这是因为地形和植被覆盖等环境因子在局部表现出相似性，所以拟合的残差值在局部范围内具有较强的空间自相关性。最后在 GS+软件平台下对土壤养分多元回归的残差值进行简单克里格插值，同时运用 ArcGIS 的空间分析模块把多元回归的预测值和残差的插值结果进行空间加运算，得到土壤属性预测值的空间分布图（图 6.1）。

表 6.6 土壤养分多元回归预测残差值的半方差模型参数

变量	模型	块金值	基台值	块金值/基台值/%	变程/m	相关系数 R^2
有机质	球状	1.800 0	36.030 0	5.00	570	0.801
全氮	球状	0.004 2	0.081 8	5.13	570	0.843
碱解氮	指数	88.000 0	837.900 0	10.50	450	0.893
有效磷	指数	0.630 0	5.843 0	10.78	870	0.830
速效钾	指数	35.000 0	360.500 0	9.71	600	0.904

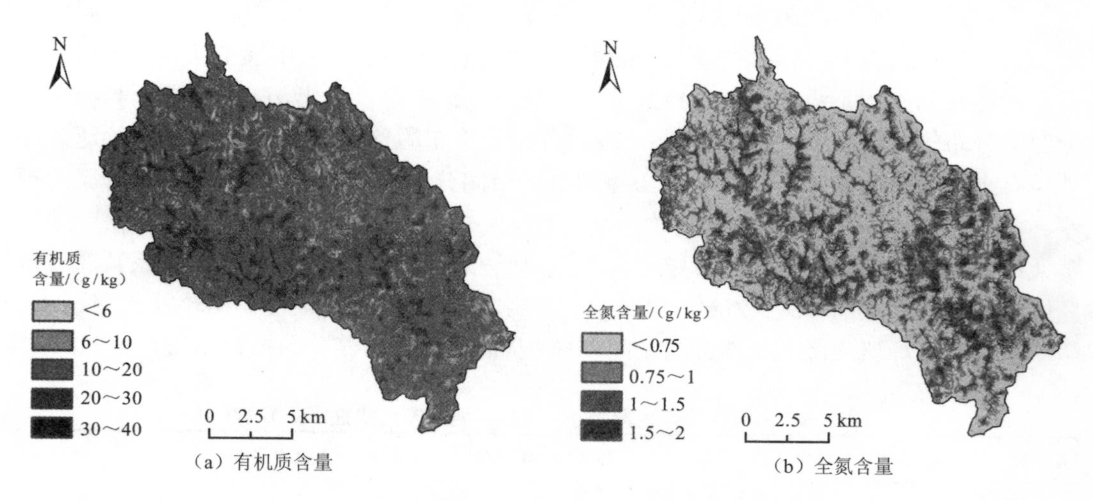

（a）有机质含量
（b）全氮含量

图 6.1 曲水河小流域土壤养分空间分布图

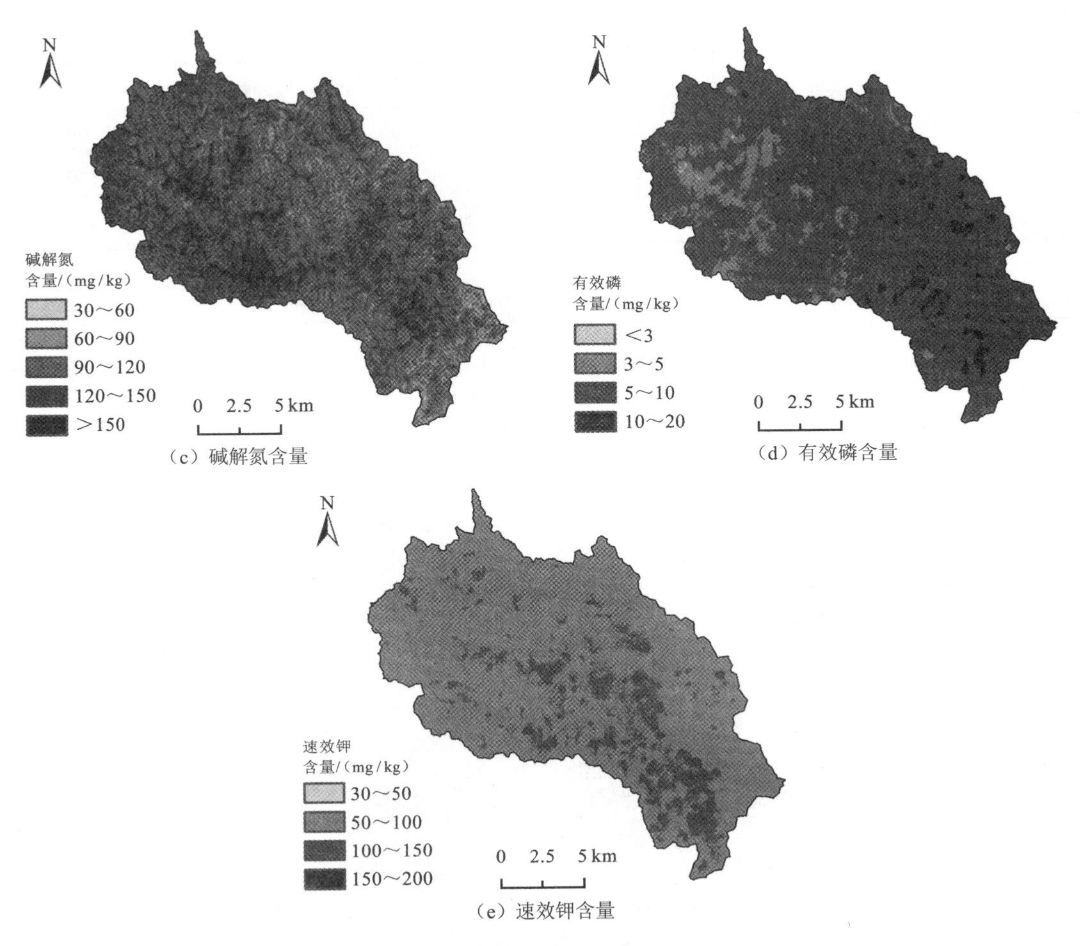

图 6.1　曲水河小流域土壤养分空间分布图

3. 土壤肥力评价

根据土壤养分含量分级标准将曲水河小流域土壤养分各指标划分为 1～6 共六个等级（表 6.7），流域内土壤养分各指标总体上处于中低水平。土壤肥力等级根据土壤养分指标等级的平均值划分为非常高、高、中、低、非常低 5 个等级（表 6.8），土壤肥力空间评价结果见图 6.2。可以看出，曲水河小流域的土壤肥力水平主要分布在中和低等级，分别占流域总面积的 42%和 57%，全区没有非常高等级的土壤，该结果说明曲水河小流域土壤肥力水平较低。

表 6.7　土壤养分含量分级表

级别	有机质/（g/kg）	全氮/（g/kg）	碱解氮/（mg/kg）	有效磷/（mg/kg）	速效钾/（mg/kg）
1	>40	>2	>150	>40	>200
2	30～40	1.5～2	120～150	20～40	150～200
3	20～30	1～1.5	90～120	10～20	100～150

续表

级别	有机质/(g/kg)	全氮/(g/kg)	碱解氮/(mg/kg)	有效磷/(mg/kg)	速效钾/(mg/kg)
4	10～20	0.75～1	60～90	5～10	50～100
5	6～10	0.5～0.75	30～60	3～5	30～50
6	<6	<0.5	<30	<3	<30

表 6.8 土壤肥力分级表

土壤养分分级	土壤肥力分级	面积/hm^2	比例/%
0～1.2	非常高	0.00	0.000
1.2～2.4	高	0.54	0.002
2.4～3.6	中	12 055.14	42.141
3.6～4.8	低	16 282.08	56.917
4.8～6	非常低	268.92	0.940

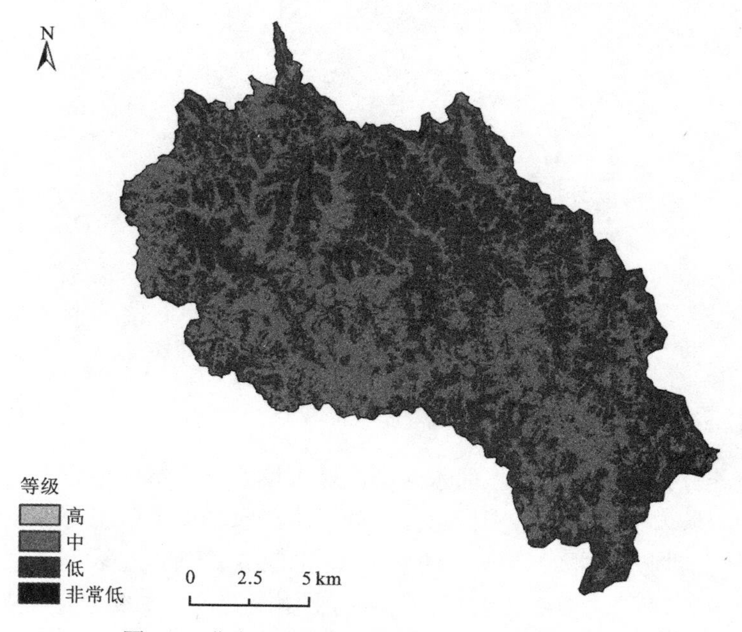

图 6.2 曲水河小流域土壤肥力等级空间分布图

6.3 典型水土保持措施适宜性的空间分布特征

曲水河小流域水土保持措施适宜性的空间评价采用第 4 章提出的单项指标评价方法和综合评价方法。在 ArcGIS 软件支持下，以 30 m×30 m 栅格作为水土保持措施适宜性的空间评价单元，以梯田、等高耕作、退耕还林、退耕还草为评价对象，根据单项指标评价方法［式（4.11）～式（4.14）］计算各评价指标的适宜性指数。以单项指标的适宜性指数及其权重为基础，利用水土保持措施适宜性综合评价模型［式（4.15）］进行空间栅格运算，即可得到小流域内每个空间评价单元的综合适宜性指数。

根据曲水河小流域水土保持措施适宜性指数计算结果，将曲水河小流域水土保持措施适宜程度由高分到低分划分为非常适宜、比较适宜、中等适宜、一般适宜、临界适宜、不适宜六个等级（表6.9）。适宜性等级反映在一定区域按所考虑的某种水土保持措施受当地各种条件的限制大小，以及进行长期实施所产生的各种效益满足当地人们期望程度的高低。水土保持措施适宜性等级是由多种因素决定的，提出的措施可能受当地条件的限制较大，如在陡坡上进行坡改梯。或者措施实施后的效益不能达到人们的期望，如坡改梯预期投资获得的经济效益较低。水土保持措施适宜与否，以及适宜的等级以这些评价准则来划分。

表6.9　曲水河小流域水土保持措施适宜性分级

等级	适宜性指数范围	特征描述
非常适宜	＞0.8	当地条件对措施的限制性非常小，人们对措施效益的满意程度非常高
比较适宜	0.7～0.8	当地条件对措施的限制性较小，人们对措施效益的满意程度非常高；当地条件对措施的限制性非常小，人们对措施效益的满意程度较高
中等适宜	0.6～0.7	当地条件对措施的限制性非常小，人们对措施效益的满意程度高；当地条件对措施的限制性小，人们对措施效益的满意程度非常高；当地条件对措施的限制性较小，人们对措施效益的满意程度较高
一般适宜	0.5～0.6	当地条件对措施的限制性大，人们对措施效益的满意程度高；当地条件对措施的限制性小，人们对措施效益的满意程度低
临界适宜	0.4～0.5	当地条件对措施的限制性较大，人们对措施效益的满意程度高；当地条件对措施的限制性小，人们对措施效益的满意程度较低
不适宜	＜0.4	当地条件对措施的限制性较大，人们对措施效益的满意程度较低

6.3.1　梯田

曲水河小流域梯田适宜性指数介于0.35～0.56，适宜性指数的分值整体较低。“求–供”适宜性指数介于0.43～0.88，其均值为0.64；而“产–望”适宜性指数介于0.20～0.43，其均值为0.35。空间分布特征是：流域西北部和中部较高，从河谷两侧阶地向丘陵逐渐递减。根据水土保持措施适宜性等级划分标准，将流域梯田适宜性程度分为一般适宜、临界适宜、不适宜三个类型区（图6.3，表6.10）。

（1）一般适宜区：适宜性指数的均值为0.51，是曲水河小流域梯田适宜性程度较高的区域，虽然当地条件对梯田的限制性小，但是人们对梯田的效益满足程度低。一般适宜区主要分布在流域西北部和中部偏东的一些区域，土地面积3 782.07 hm^2，占流域总面积的13.22%。

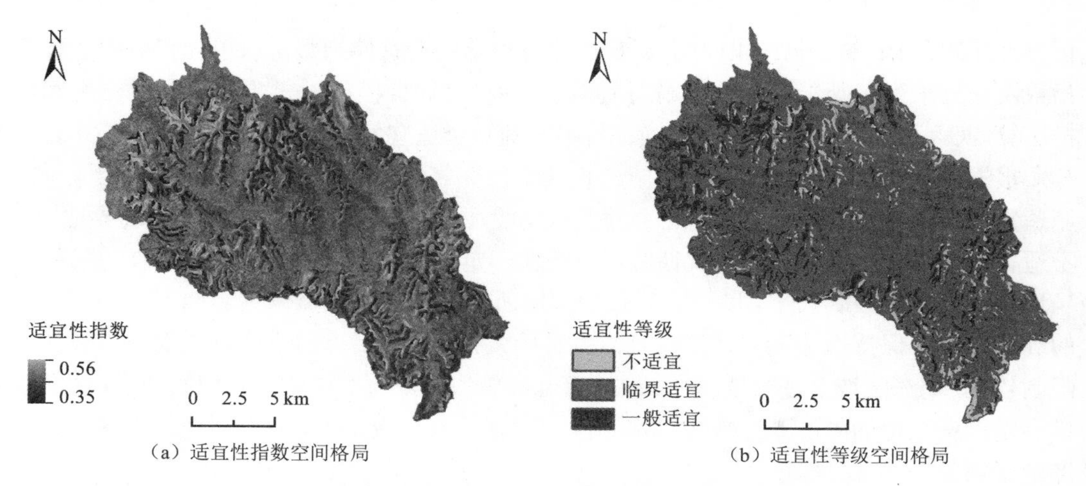

图 6.3 曲水河小流域梯田适宜性指数和等级空间格局

表 6.10 曲水河小流域梯田适宜性分级

等级	适宜性指数平均值			面积/hm^2	面积比例/%
	综合	“求–供”	“产–望”		
一般适宜	0.51	0.71	0.37	3 782.07	13.22
临界适宜	0.47	0.63	0.35	23 202.30	81.13
不适宜	0.39	0.69	0.22	1 615.86	5.65
全流域	0.47	0.64	0.35	28 600.23	100.00

梯田在一般适宜区的“求–供”适宜性指数介于 0.59～0.88，其均值为 0.71，而“产–望”适宜性指数介于 0.31～0.43，其均值为 0.37。由此可以看出，梯田的“求–供”适宜性程度高，“产–望”适宜程度低，其中“产–望”适宜性影响了梯田的总体适宜性程度。

从“求–供”适宜性的角度来看，土壤条件适宜程度较高，指数的均值为 0.79，该区土壤可蚀性高，土壤质地以壤土为主，土壤排水能力和持水能力较好，土层较厚，但是土壤肥力较低，成为土壤条件适宜性的主要限制因子；自然环境条件适宜程度较高，指数的均值为 0.72，梯田对该区的降雨量和气温比较适宜，区内坡度对梯田的限制性也较小；社会经济条件适宜程度中等,指数的均值为 0.63,该区可用建设投资基本能达到梯田的要求，但是劳动力数量偏少和农业机械化程度较低是主要限制因子。

从“产–望”适宜性的角度来看，水土保持效益适宜程度较高，指数的均值为 0.68，实施梯田将使该区绝大部分区域的土壤侵蚀量减小到容许土壤流失量以下，径流系数减小明显，但是对土壤肥力的提高程度较小；自然环境效益适宜程度非常低，除减轻自然灾害的程度能满足人们的期望外，人们对提高生物多样性和地表覆盖率的满意程度较低，因此它们成为主要的限制因子；社会经济效益适宜程度低，指数的均值为 0.36，除梯田的土地生产率能满足人们期望外，土地纯收益和人均纯收益都偏低，商品化程度不高，投资回报期较长，限制梯田的实施。

（2）临界适宜区：适宜性指数的均值为0.47，虽然当地条件对梯田的限制性小，但是人们对措施效益的满意程度较低。临界适宜区主要包括流域中部大部分区域和东南部部分区域，以及西北部的部分区域，分布最广，涉及流域大部分地区，土地面积23 202.30 hm^2，占流域总面积的81.13%。

梯田在临界适宜区的"求–供"适宜性指数介于0.43～0.88，其均值为0.63，而"产–望"适宜性指数介于0.2～0.43，其均值为0.35。结果表明，该区梯田的"求–供"适宜性高，"产–望"适宜性较低，"产–望"适宜性决定了梯田的适宜与否。

从"求–供"适宜性的角度来看，土壤条件适宜程度较高，指数的均值为0.74，该区土壤可蚀性高，土壤质地以壤土为主，土壤持水能力较好，土层较厚，但是土壤排水能力和土壤肥力较低，成为土壤条件适宜性的主要限制因子；自然环境条件适宜程度中等，指数的均值为0.58，降雨量和气温对梯田的实施限制作用较小，坡度是该区梯田自然环境条件适宜性的主要限制因子；社会经济条件适宜程度中等，指数的均值为0.59，该区可用建设投资基本能达到梯田的要求，但是劳动力数量偏少和农业机械化程度较低是主要限制因子。

从"产–望"适宜性的角度来看，水土保持效益适宜程度高，指数的均值为0.61，该区大部分区域可以通过实施梯田达到明显减少土壤侵蚀和径流系数的效果，但是对土壤肥力的提高程度较低；自然环境效益适宜程度非常低，除减轻自然灾害的程度能满足人们的期望外，生物多样性和地表覆盖率的提高程度都不能满足人们的期望，成为主要的限制因子；社会经济效益适宜程度较低，指数的均值为0.38，除梯田的土地生产率能满足人们期望外，土地纯收益和人均纯收益都偏低，商品化程度不高，投资回报期较长，因此它们是主要的限制因子。

（3）不适宜区：适宜性指数的均值为0.39，不仅当地条件对梯田的限制性较大，而且人们对梯田效益的满意程度也较低。不适宜区主要分布在流域北部和东南部部分地区，土地面积1 615.86 hm^2，占流域总面积的5.65%。

梯田在不适宜区的"求–供"适宜性指数介于0.51～0.73，其均值为0.69，而"产–望"适宜性指数介于0.20～0.31，其均值为0.22。结果表明，该区梯田的"求–供"适宜性和"产–望"适宜性都较低，特别是"产–望"适宜性直接决定了该区不适宜实施梯田。

从"求–供"适宜性的角度来看，土壤条件适宜程度高，指数的均值为0.65，该区土壤可蚀性高，土壤质地以壤土为主，土壤持水能力较好，土层较厚，但是土壤排水能力和土壤肥力非常低，成为土壤条件适宜性的主要限制因子；自然环境条件适宜程度较低，指数的均值为0.44，该区降雨量和气温对梯田的实施具有一定的限制作用，坡度对梯田的限制作用较大；社会经济条件适宜程度中等，指数的均值为0.57，该区部分区域的可用建设投资能达到梯田的要求，但是劳动力数量偏少和农业机械化程度较低是主要限制因子。

从"产–望"适宜性的角度来看，水土保持效益适宜程度非常低，指数的均值为0.22，该区实施梯田除了可以减小径流系数外，大部分区域土壤侵蚀的强度仍然较大，土壤肥力也不能得到提高；自然环境效益适宜程度低，除减轻自然灾害的程度能满足人们的期望外，生物多样性和地表覆盖率的提高程度都不能满足人们的期望，成为主要的限制因子；

社会经济效益适宜程度较低，指数的均值为 0.38，除梯田的土地生产率能满足人们期望外，土地纯收益和人均纯收益都偏低，商品化程度不高，投资回报期较长，因此它们是主要的限制因子。

综上所述，曲水河小流域以梯田的一般适宜区分布面积最广，但是流域没有中等适宜及其以上类型区，说明梯田在曲水河小流域的总体适宜程度低，当地个别条件对梯田的限制性大，措施的效益也不能很好地满足当地人们的期望，从根本上决定了现阶段梯田还不能在流域大范围推广。

6.3.2 等高耕作

曲水河小流域等高耕作适宜性指数介于 0.32～0.58，适宜性指数的分值总体上偏低。“求–供”适宜性指数介于 0.54～0.90，其均值为 0.74，而“产–望”适宜性指数介于 0.17～0.39，其均值为 0.29。空间分布特征是：适宜性指数较高的区域主要分布在流域北部、西部和东南部，从河谷两侧阶地向丘陵逐渐递减。根据水土保持措施适宜性等级划分标准，将流域等高耕作适宜性程度分为一般适宜、临界适宜、不适宜三个类型区（图 6.4，表 6.11）。

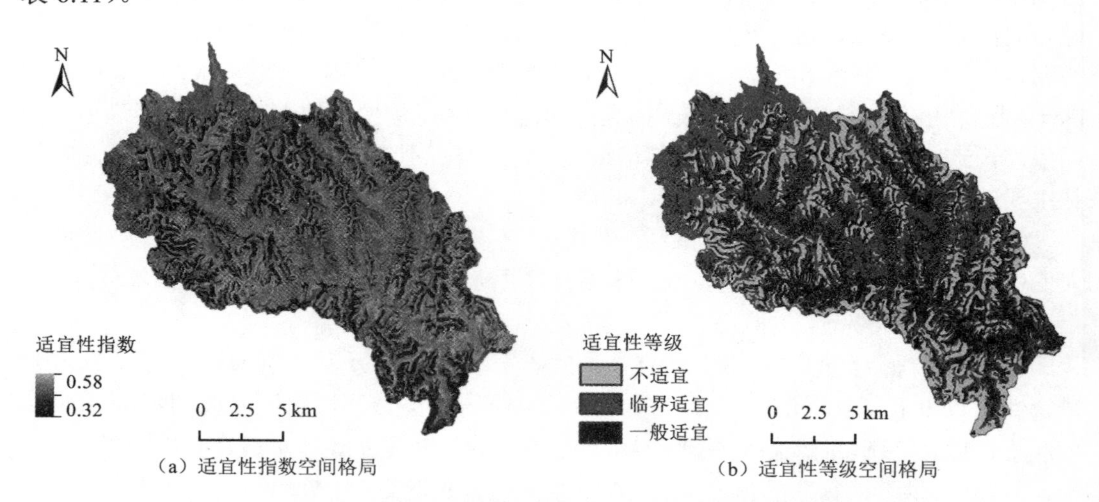

（a）适宜性指数空间格局　　（b）适宜性等级空间格局

图 6.4　曲水河小流域等高耕作适宜性指数和等级空间格局

表 6.11　曲水河小流域等高耕作适宜性分级

等级	适宜性指数平均值			面积/hm^2	面积比例/%
	综合	“求–供”	“产–望”		
一般适宜	0.52	0.78	0.34	8 001.36	27.98
临界适宜	0.47	0.72	0.30	15 139.02	52.93
不适宜	0.37	0.72	0.19	5 459.85	19.09
全流域	0.46	0.74	0.29	28 600.23	100

（1）一般适宜区：适宜性指数的均值为 0.52，曲水河小流域等高耕作适宜性程度较高的区域，虽然当地条件对等高耕作的限制性小，但是人们对等高耕作的效益的满足程度低。一般适宜区主要分布在曲水河及其支流两侧坡度较缓的区域，土地面积 8 001.36 hm^2，占流域总面积的 27.98%。

等高耕作在一般适宜区的“求–供”适宜性指数介于 0.64～0.9，其均值为 0.78，而“产–望”适宜性指数介于 0.28～0.39，其均值为 0.34。由此可以看出，等高耕作的“求–供”适宜性高，“产–望”适宜性低，其中“产–望”适宜性限制了等高耕作的综合适宜程度。

从“求–供”适宜性的角度来看，土壤条件适宜程度高，指数的均值为 0.77，该区土壤可蚀性较高，土壤质地以壤土为主，土壤排水能力和持水能力较好，土层较厚，但是土壤肥力较低，对土壤条件适宜性起一定的限制作用；自然环境条件适宜程度高，指数的均值为 0.74，等高耕作对该区的坡度、降雨量和气温都比较适宜；社会经济条件适宜程度非常高，指数的均值为 0.84，该区除了农业机械化程度较低对等高耕作有一定限制，可用建设投资和劳动力数量都能达到等高耕作的要求。

从“产–望”适宜性的角度来看，水土保持效益适宜程度低，指数的均值为 0.47，实施等高耕作将使该区绝大部分区域的土壤侵蚀量减小到容许土壤流失量以下，但是对径流系数的减小程度和对土壤肥力的提高程度有限；自然环境效益适宜程度非常低，减轻自然灾害的程度、生物多样性和地表覆盖率的提高程度都不能满足人们的期望，成为主要的限制因子；社会经济效益适宜程度低，指数的均值为 0.47，除等高耕作的土地生产率和投资回报期较能满足人们期望外，土地纯收益和人均纯收益都偏低，商品化程度不高，限制等高耕作的实施。

（2）临界适宜区：适宜性指数的均值为 0.47，虽然当地条件对等高耕作的限制性小，但是人们对等高耕作效益的满意程度较低。临界适宜区主要分布在流域河谷地势较平坦及丘陵由缓坡向陡坡过度的地带，分布最广，土地面积 15 139.02 hm^2，占流域总面积的 52.93%。

等高耕作在临界适宜区的“求–供”适宜性指数介于 0.54～0.9，其均值为 0.72，而“产–望”适宜性指数介于 0.18～0.39，其均值为 0.30。由此可以看出，该区等高耕作的“求–供”适宜性高，“产–望”适宜性较低，导致等高耕作总体适宜程度较低。

从“求–供”适宜性的角度来看，土壤条件适宜程度高，指数的均值为 0.65，该区土壤可蚀性较高，土壤质地以壤土为主，土层较厚，但是土壤排水能力、土壤持水能力和土壤肥力都较低，没有达到等高耕作的要求；自然环境条件适宜程度高，指数的均值为 0.67，等高耕作对该区的降雨量和气温都比较适宜，坡度限制较大；社会经济条件适宜程度非常高，指数的均值为 0.84，该区可用建设投资和劳动力数量都能达到等高耕作的要求，农业机械化程度较低对等高耕作有一定限制。

从“产–望”适宜性的角度来看，水土保持效益适宜程度低，指数的均值为 0.36，实施等高耕作只能使该区部分区域的土壤侵蚀量减小到容许土壤流失量以下，但是对减小径流系数和对提高土壤肥力的作用较小；自然环境效益适宜程度非常低，减轻自然灾害的程度、生物多样性和地表覆盖率的提高程度都不能满足人们的期望，成为主要的限制因子；社会经济效益适宜程度低，指数的均值为0.46，除等高耕作的土地生产率和投资回报期适宜程度较高外，土地纯收益和人均纯收益都偏低，商品化程度不高，限制等高耕作的实施。

（3）不适宜区：适宜性指数的均值为0.37，不仅当地条件对等高耕作的限制性较大，而且人们对等高耕作效益的满意程度也较低。不适宜区主要分布在流域东部和西部丘陵坡度较大的区域，土地面积5 459.85 hm^2，占流域总面积的19.09%。

等高耕作在不适宜区的“求–供”适宜性指数介于0.54～0.9，其均值为0.72，而“产–望”适宜性指数介于0.18～0.29，其均值为0.19。由此可以看出，虽然该区等高耕作的“求–供”适宜性高，但是“产–望”适宜性非常低，导致该区不宜实施等高耕作。

从“求–供”适宜性的角度来看，土壤条件适宜程度中等，指数的均值为0.58，该区土壤可蚀性较高，土壤质地以壤土为主，土层较厚，但是土壤排水能力、土壤持水能力和土壤肥力都非常低，成为等高耕作的主要限制因子；自然环境条件适宜程度高，指数的均值为0.71，等高耕作对该区的气温都比较适宜，降雨量和坡度具有一定的限制作用；社会经济条件适宜程度非常高，指数均值为0.84，该区可用建设投资和劳动力数量都能达到等高耕作的要求，农业机械化程度较低对等高耕作有一定限制。

从“产–望”适宜性的角度来看，水土保持效益适宜程度非常低，指数的均值为0.11，该区实施等高耕作减少水土流失的作用较小，也不能提高土壤肥力；自然环境效益适宜程度非常低，减轻自然灾害的程度、生物多样性和地表覆盖率的提高程度都不能满足人们的期望，成为主要的限制因子；社会经济效益适宜程度低，指数的均值为0.47，除等高耕作的土地生产率和投资回报期适宜程度较高外，土地纯收益和人均纯收益都偏低，商品化程度不高，限制等高耕作的实施。

综上所述，曲水河小流域以等高耕作的一般适宜区分布范围最广，和梯田的评价结果相似，流域没有等高耕作中等适宜及以上类型区，说明等高耕作在曲水河小流域的总体适宜程度同样较低，受当地条件的限制性较大，措施的效益也不能很好地满足当地人们的期望，现阶段等高耕作在曲水河小流域同样不适宜大面积推广。

6.3.3 退耕还林

曲水河小流域退耕还林适宜性指数介于0.67～0.87，适宜性指数的分值总体较高。“求–供”适宜性指数介于0.59～0.95，其均值为0.76，而“产–望”适宜性指数介于0.63～0.80，其均值为0.78。空间分布特征是：适宜性指数较高的区域主要分布在流域西北部、南部和东北部，地势平坦的河谷地带适宜性指数较低，逐渐向丘陵坡地递增。根据水土保持措施适宜性等级划分标准，将流域退耕还林适宜性程度分为非常适宜、比较适宜、中等适宜三个类型区（图6.5，表6.12）。

（1）非常适宜区：适宜性指数的均值为0.82，曲水河小流域退耕还林适宜性程度最高的区域，当地条件对退耕还林的限制性非常小，人们对退耕还林效益的满意程度非常高。

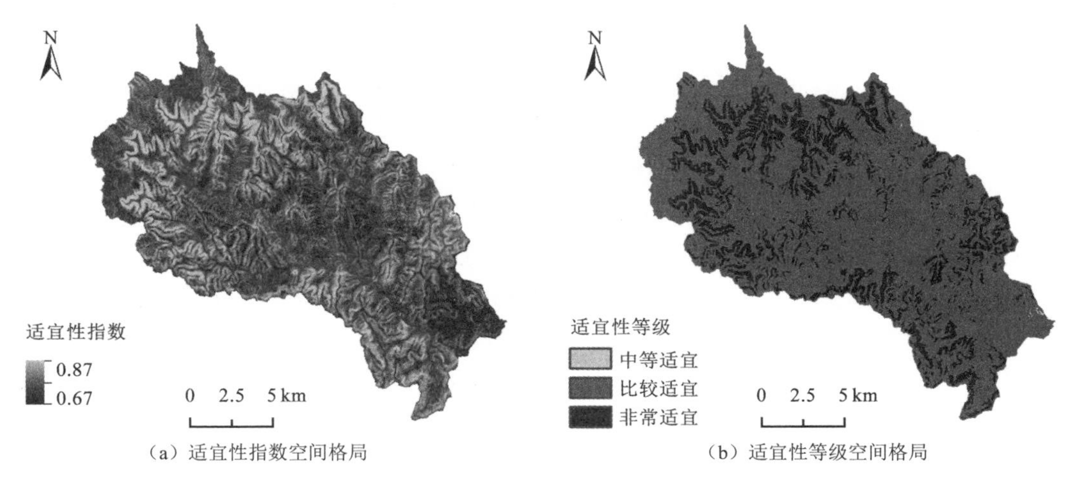

（a）适宜性指数空间格局　（b）适宜性等级空间格局

图 6.5　曲水河小流域退耕还林适宜性指数和等级空间格局

表 6.12　曲水河小流域退耕还林适宜性分级

等级	适宜性指数平均值			面积/hm^2	面积比例/%
	综合	“求–供”	“产–望”		
非常适宜	0.82	0.83	0.80	6 177.51	21.60
比较适宜	0.77	0.74	0.80	22 408.41	78.35
中等适宜	0.69	0.70	0.68	14.31	0.05
全流域	0.78	0.76	0.78	28 600.23	100

非常适宜区主要分布在西北部和东南部的丘陵坡地，土地面积 6 177.51 hm^2，占流域总面积的 21.60%。

退耕还林在非常适宜区的“求–供”适宜性指数介于 0.80～0.95，其均值为 0.83，而“产–望”适宜性指数介于 0.72～0.80，其均值为 0.80。由此可以看出，退耕还林的“求–供”适宜性和“产–望”适宜性都较高，决定该区退耕还林总体适宜程度非常高。

从“求–供”适宜性的角度来看，土壤条件适宜程度非常高，指数的均值为 0.87，该区土壤可蚀性较高，土壤质地、土壤持水能力、土层较厚、土壤肥力都非常适宜退耕还林，只有土壤排水能力有一定的限制作用；自然环境条件适宜程度高，指数的均值为 0.68，退耕还林对该区的坡度、降雨量和气温都比较适宜；社会经济条件适宜程度非常高，指数的均值为 0.95，可用建设投资能满足退耕还林的需求，农业机械化程度和劳动力数量对退耕还林没有限制。

从“产–望”适宜性的角度来看，水土保持效益适宜程度一般，指数的均值为 0.56，实施退耕还林将使该区绝大部分区域的土壤侵蚀量减小到容许土壤流失量以下，但是在减小径流系数和提高土壤肥力方面作用有限；自然环境效益适宜程度非常高，指数的均值为 0.95，减轻自然灾害的程度、生物多样性和地表覆盖率的提高程度都能满足人们的期望；社会经济效益适宜程度非常高，指数的均值为 0.94，除退耕还林的投资回报期较长外，土地生产率、土地纯收益、人均纯收益、商品化程度都能达到人们的期望。

（2）比较适宜区：适宜性指数的均值为0.77，当地条件对退耕还林的限制性较小，人们对退耕还林效益的满意程度非常高。比较适宜区主要分布在流域中部、东部和西北部大部分区域，分布最广，土地面积22 408.41 hm^2，占流域总面积的78.35%。

退耕还林在比较适宜区的“求–供”适宜性指数介于0.61～0.87，其均值为0.74，而“产–望”适宜性指数介于0.63～0.80，其均值为0.80。结果表明，该区退耕还林的“求–供”适宜性和“产–望”适宜性都较高，从而退耕还林的综合适宜性也比较高。

从“求–供”适宜性的角度来看，土壤条件适宜程度非常高，指数的均值为0.84，该区土壤可蚀性较高，土壤质地以壤土为主，土层较厚，土壤持水能力和土壤肥力满足退耕还林的需求，土壤排水能力有一定的限制性；自然环境条件适宜程度低，指数的均值为0.48，退耕还林对该区的气温比较适宜，坡度和降雨量是限制因子；社会经济条件适宜程度非常高，指数的均值为0.93，该区可用建设投资、劳动力数量和农业机械化程度基本上都能达到退耕还林要求。

从“产–望”适宜性的角度来看，水土保持效益适宜程度低，指数的均值为0.40，部分区域通过实施退耕还林可以明显减少土壤侵蚀，但是对减小径流系数和对提高土壤肥力的作用较小；自然环境效益适宜程度非常高，减轻自然灾害的程度、生物多样性和地表覆盖率的提高程度都能满足人们的期望；社会经济效益适宜程度非常高，指数的均值为0.94，土地生产率、土地纯收益、人均纯收益、商品化程度都能达到人们的期望，投资回报期较长，具有一定的限制性。

（3）中等适宜区：适宜性指数的均值为0.69，当地条件对退耕还林的限制性较小，人们对退耕还林效益的满意程度较高。零星分布在流域东部和中部地区，土地面积仅为14.31 hm^2，占流域总面积的0.05%。

退耕还林在中等适宜区的“求–供”适宜性指数介于0.59～0.76，其均值为0.70，而“产–望”适宜性指数介于0.64～0.80，其均值为0.68。由此可以看出，该区退耕还林的“求–供”适宜性和“产–望”适宜性都处于中等水平，决定该区退耕还林总体上为中等适宜程度。

从“求–供”适宜性的角度来看，土壤条件适宜程度高，指数的均值为0.78，该区土壤可蚀性较高，土壤质地以壤土为主，土层较厚，土壤肥力较高，但是土壤排水能力和土壤持水能力都较低；自然环境条件适宜程度低，指数的均值为0.45，退耕还林对该区的气温都比较适宜，降雨量和坡度具有明显的限制性；社会经济条件适宜程度较高，指数的均值为0.80，该区可用建设投资不足，劳动力数量和农业机械化程度基本能达到退耕还林的需求。

从“产–望”适宜性的角度来看，水土保持效益适宜程度非常低，指数的均值为0.27，该区实施退耕还林的水土保持作用较小，也不能提高土壤肥力；自然环境效益适宜程度非常高，减轻自然灾害的程度、生物多样性和地表覆盖率的提高程度都能满足人们的期望；社会经济效益适宜程度非常高，指数的均值为0.90，土地生产率、土地纯收益、人均纯收益、商品化程度都能达到人们的期望，投资回报期较长，具有一定的限制性。

综上所述，曲水河小流域以退耕还林的比较适宜区分布范围最广，流域没有退耕还林一般适宜以下类型区，说明退耕还林在曲水河小流域的总体适宜程度较高，当地条件对退耕还林的限制性小，措施的效益也基本能很好地满足人们的期望，现阶段退耕还林比较适宜在曲水河小流域大范围推广。

6.3.4　退耕还草

曲水河小流域退耕还草适宜性指数介于0.70～0.90，适宜性指数的分值总体较高。“求–供”适宜性指数介于0.63～0.95，其均值为0.77，而“产–望”适宜性指数介于0.66～0.87，其均值为0.84。空间分布特征是：适宜性指数较高的区域主要分布在流域东南部和北部，中部和西北部部分地区适宜性指数较低。根据水土保持措施适宜性等级划分标准，将流域退耕还草适宜性程度分为非常适宜和比较适宜两个类型区（图6.6，表6.13）。

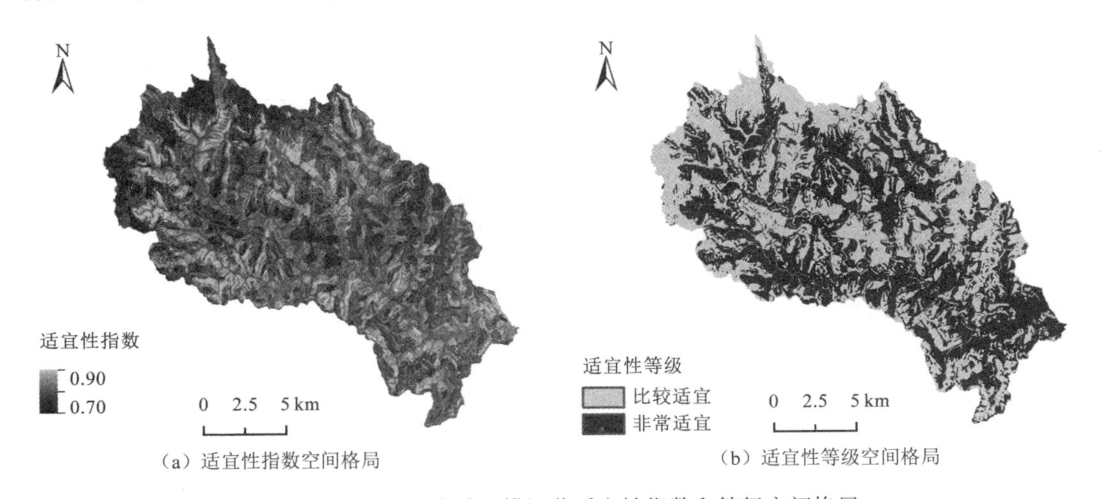

（a）适宜性指数空间格局　　（b）适宜性等级空间格局

图6.6　曲水河小流域退耕还草适宜性指数和等级空间格局

表6.13　曲水河小流域退耕还草适宜性分级

等级	适宜性指数平均值			面积/hm^2	面积比例/%
	综合	“求–供”	“产–望”		
非常适宜	0.82	0.80	0.84	15 056.67	52.64
比较适宜	0.78	0.73	0.84	13 543.56	47.36
全流域	0.80	0.77	0.84	28 600.23	100

（1）非常适宜区：适宜性指数的均值为0.82，是曲水河小流域退耕还草适宜性程度最高的区域，当地条件对退耕还草的限制性非常小，人们对退耕还草效益的满意程度非常高。非常适宜区主要分布在河谷两岸的大部分地区，土地面积15 056.67 hm^2，占流域总面积的52.64%。

退耕还草在非常适宜区的“求–供”适宜性指数介于0.73～0.95，其均值为0.80，而“产–望”适宜性指数介于0.68～0.87，其均值为0.84。退耕还草的“求–供”适宜性和“产–望”适宜性都非常高，决定该区非常适宜实施退耕还草。

从“求–供”适宜性的角度来看，土壤条件适宜程度非常高，指数的均值为0.85，该区土壤可蚀性较高，土壤质地、土层较厚、土壤肥力都非常适宜退耕还草，只有土壤持水能力、土壤排水能力有一定的限制作用；自然环境条件适宜程度中等，指数的均值为0.56，退耕还草对该区的气温都比较适宜，坡度和降雨量具有限制性；社会经济条件适宜程度非常高，指数的均值为0.97，可用建设投资、农业机械化程度和劳动力数量都能满足退耕还草的需求。

从“产–望”适宜性的角度来看，水土保持效益适宜程度高，指数的均值为0.65，实施退耕还草将使该区的土壤侵蚀量和径流系数明显减小，但是土壤肥力提高程度有限；自然环境效益适宜程度非常高，指数的均值为0.97，减轻自然灾害的程度、生物多样性和地表覆盖率的提高程度都能满足人们的期望；社会经济效益适宜程度非常高，指数的均值为0.89，退耕还草的土地生产率、土地纯收益、人均纯收益、投资回报期、商品化程度基本都能达到人们的期望。

（2）比较适宜区：适宜性指数的均值为0.78，当地条件对退耕还草的限制性较小，人们对退耕还草效益的满意程度非常高。比较适宜区主要分布在流域地势较平坦和坡度较大的区域，土地面积13 543.56 hm^2，占流域总面积的47.35%。

退耕还草在比较适宜区的“求–供”适宜性指数介于0.63～0.94，其均值为0.73，而“产–望”适宜性指数介于0.66～0.87，其均值为0.84。结果表明，和“产–望”适宜性相比，该区退耕还草的“求–供”适宜性较低，从而导致退耕还草的总体适宜程度低于非常适宜区。

从“求–供”适宜性的角度来看，土壤条件适宜程度较高，指数的均值为0.70，该区土壤可蚀性较高，土壤质地以壤土为主，土层较厚，土壤肥力适宜，土壤持水能力和土壤排水能力对退耕还草的限制作用较大；自然环境条件适宜程度低，指数的均值为0.49，退耕还草对该区的气温比较适宜，坡度和降雨量具有限制性；社会经济条件适宜程度非常高，指数的均值为0.92，该区可用建设投资、劳动力数量和农业机械化程度基本上都能达到退耕还草要求。

从“产–望”适宜性的角度来看，水土保持效益适宜程度高，指数的均值为0.62，实施退耕还草对土壤侵蚀模数和径流系数的减小作用明显，土壤肥力的提高程度较低；自然环境效益适宜程度非常高，减轻自然灾害的程度、生物多样性和地表覆盖率的提高程度都能满足人们的期望；社会经济效益适宜程度非常高，指数的均值为0.87，土地生产率、土地纯收益、人均纯收益、投资回报期、商品化程度都能达到人们的期望。

综上所述，曲水河小流域退耕还草的非常适宜区和比较适宜区均分布广泛，流域没有等高耕作中等适宜及以下类型区，说明退耕还草在曲水河小流域的总体适宜程度非常高，受当地条件的限制性小，措施的效益也基本能很好地满足人们的期望，和退耕还林相似，现阶段退耕还草适宜在曲水河小流域大范围推广。

6.4 小　　结

本章以紫色土丘陵区的曲水河小流域（嘉陵江支流）为研究区域，选择紫色土区典型的四种水土保持措施，即梯田、等高耕作、退耕还林、退耕还草，从“面”尺度评价这些措施适宜性的空间差异。

（1）从整个流域来看，梯田和等高耕作的适宜程度明显低于退耕还林和退耕还草的适宜程度。

（2）梯田的适宜程度在流域西北部和中部较高，从河谷两侧阶地向丘陵逐渐递减，以临界适宜区面积最大。土壤条件对梯田的限制性较小；坡度是自然环境适宜性的主要限制因子；可用建设投资对梯田有一定的限制性，农村劳动力密度和农业机械化程度是社会经济条件适宜性的主要限制因子。人们对梯田的水土保持效益满意程度较高，但是对梯田的自然环境效益和社会经济效益的满意程度较低，是梯田适宜程度较低的决定因素。

（3）等高耕作适宜程度较高的区域主要分布在流域北部、西部和东南部，从河谷两侧阶地向丘陵逐渐递减，以临界适宜区面积最大。土壤条件、自然环境条件和社会经济条件对等高耕作的限制性都较小，但是人们对等高耕作的水土保持效益、自然环境效益和社会经济效益的满意程度都较低。

（4）退耕还林适宜程度较高的区域主要分布在流域西北部、南部和东北部，地势平坦的河谷地带适宜程度较低，逐渐向丘陵坡地递增，以比较适宜区面积最大。土壤条件对退耕还林的限制性较小；坡度和降雨量对退耕还林具有一定的限制作用；社会经济条件对退耕还林的限制性非常小。虽然人们对退耕还林的水土保持效益满意程度不是很高，但是对它的自然环境效益和社会经济效益满意程度都非常高。

（5）退耕还草适宜程度较高的区域主要分布在流域东南部和北部，中部和西北部部分地区适宜程度较低，非常适宜区和比较适宜区的面积都较大。土壤条件对退耕还草的限制性较小；坡度和降雨量具有限制性；社会经济条件对退耕还草的限制性非常小。人们对退耕还草的水土保持效益，特别是自然环境效益和社会经济效益的满意程度非常高。

第 7 章　紫色土区小流域水土保持措施优化配置

7.1　基 本 流 程

小流域水土保持措施优化配置包括水土保持措施数量结构优化和空间优化配置两个方面，并且这两个方面是相互联系、相互制约的。从以前的研究来看，水土保持措施优化配置以建立数学模型进行数量结构优化研究为主，对水土保持措施空间优化配置研究较少，而且以定性分析为主。GIS 技术和人工智能方法的快速发展为水土保持措施优化配置提供了新的技术和方法。

本章将小流域水土保持措施优化配置分为两个阶段：一是以流域水土保持措施生态服务功能价值为主要目标，通过建立线性规划模型进行水土保持措施数量结构优化；二是以流域水土保持措施适宜性为主要目标，通过结合 GIS 和启发式多目标决策方法进行水土保持措施空间优化配置。

水土保持措施优化配置的基本流程主要是面向优化目标，依据空间与属性数据，以水土保持措施生态服务功能价值计算和水土保持措施适宜性的空间评价为基础，在 MATLAB 和 ArcGIS 软件平台的支持下，由线性规划模型、启发式多目标决策方法和 GIS 空间分析协调完成（图 7.1），其中实现目标的技术关键是这三者之间的有效耦合。

线性规划的任务是在目标函数 $Z=f(x)$ 中，借助 MATLAB 软件优化模块寻求在 X 约束条件下 Z 的最优解问题。其中，X 代表水土保持措施数量结构优化中与技术参数相对应的约束条件；Z 表示被优化的变量，即寻求水土保持措施在各种约束条件下的流域最大生态服务功能价值。

启发式多目标决策的任务是在目标函数 $W=f(\mathrm{si})$ 中，寻求在水土保持措施数量结构一定的条件下水土保持措施的空间最优配置模式问题，并借助 GIS 平台明确不同水土保持措施与空间配置单元的对应关系，按照一定的空间配置原则和方法，将各种水土保持措施按顺序逐一布置在相应的空间单元上，以地图的形式展现水土保持措施优化配置结果。其中，SI 表示水土保持措施在每一个空间配置单元的适宜性指数；W 表示被优化的变量，即寻求水土保持措施数量结构一定的条件下，流域水土保持措施累积适宜性指数最大。

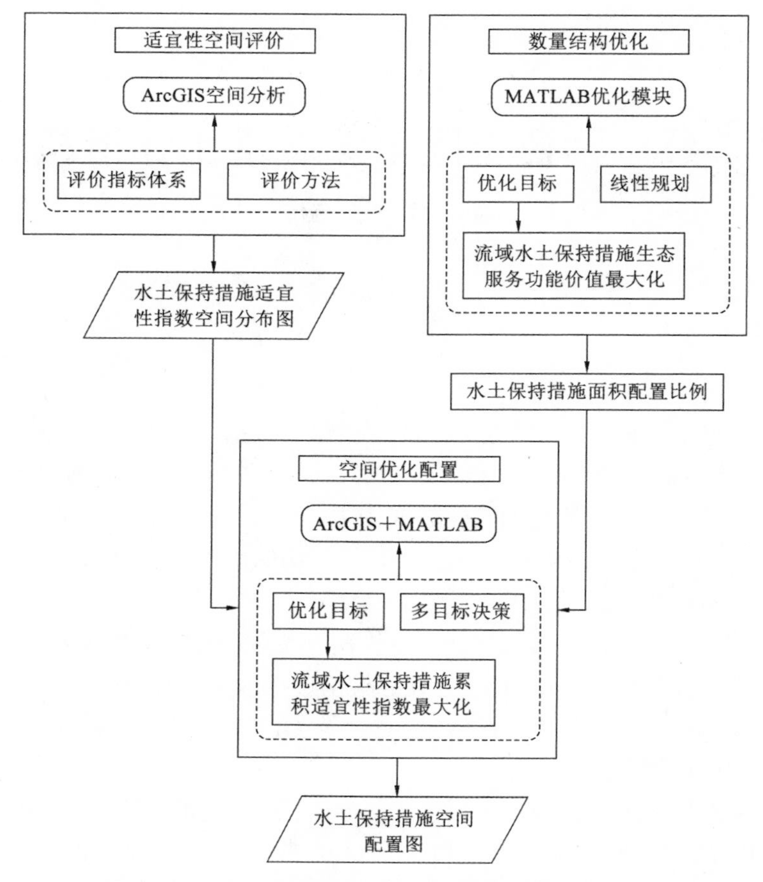

图 7.1　小流域水土保持措施优化配置基本流程图

7.2　水土保持措施数量结构优化

水土保持措施数量结构优化是措施优化配置研究的首要任务。水土保持措施配置模式是否切实可行，取决于寻求的目标是否正确，以及措施结构比例是否合理。对于依靠经验制定的水土保持措施配置模式，一般很难达到优化配置的目的。线性规划是通常用来寻求如何合理利用有限的资源，获得最优效益方案的一种定量分析方法。水土保持措施数量结构优化的任务便是合理地安排不同数量的适宜水土保持措施，力求用最少的投入在最短时间内获得最大的水土保持效益和社会经济效益。因此，运用线性规划进行水土保持措施数量结构优化，有利于方案的优选。运用线性规划模型对水土保持措施进行数量结构优化，实际上是对水土保持措施数量配置方案进行优选，以求确定最有利于防治水土流失的水土保持措施数量结构，做到充分利用土地资源，在最大限度地改善生态环境的前提下，取得最大的经济效益和社会效益。

7.2.1　优化目标

通过对曲水河小流域的土壤条件、自然环境条件和社会经济条件，以及当地农民和农业经济发展现状的调查发现：当地农民的生活水平还比较低，主要是水土流失严重，土地贫瘠，导致农业生产水平低；其次，由于长期以来实行单一化的农业生产制度，农业生产结构水平低，农民收入不高。

水土保持措施数量结构优化需遵循下面的基本原则：一是农业生产结构优化，通过布局多种优化数量的适宜性水土保持措施，合理布局农业生产结构，优化农业生产发展方向；二是土地利用结构优化，充分发挥土地资源效益，在自然资源和社会经济条件的约束下规划出合理的土地利用比例；三是水土流失最少化，最大限度地减轻水土流失程度，要求规划出达到治理标准应配置的水土保持措施数量结构；四是经济效益最大化，获得最大效益，农民生活水平提高程度最大，产量和产值最高，投资最少，经济效益最高的目标。

曲水河小流域水土保持措施数量结构优化的目标为：针对曲水河小流域水土流失的严重性和水土保持措施数量结构不合理的问题，在防治水土流失的基础上，依据生态服务功能价值理论，将水土保持措施的生态服务功能进行货币化，优化水土保持措施数量结构，实现区域水土保持措施生态服务功能价值最大化。

为使曲水河小流域水土保持措施配置具有合理的数量结构，在具体运用线性规划原理和方法建模时，需要将当地的自然资源条件、水土保持需求和社会经济发展目标作为约束条件，水土保持措施生态服务功能价值作为系统优化的目标函数，即要求最大水土保持措施生态服务功能价值只能在控制水土流失、改善农业生产结构、提高人们生活水平、一定的自然资源条件下取得。

7.2.2　水土保持措施生态服务功能价值估算

近年来，余晓新等（2008）从生态服务功能的相关理论入手，对水土保持生态服务价值评价理论与方法进行了系统研究。他们认为，水土保持生态服务功能是指在水土保持过程中所采用的各项措施对保护和改良土壤及人类社会赖以生存的自然环境条件的综合效用，包括保护和涵养水源功能、保护和改良土壤功能、固碳释氧功能、净化空气功能和防风固沙功能（余新晓　等，2007）。水土保持措施生态服务功能价值估算是指在特定尺度和区域范围内对该措施为人类和社会提供的服务进行货币计量测算（吴岚，2007；吴岚等，2007）。

根据水土保持措施生态服务功能价值评价理论和现有研究成果，结合曲水河小流域的特点和数据获取情况，确定曲水河小流域水土保持措施生态服务功能价值主要包括直接利用价值和间接利用价值，其中，间接利用价值又分为保持与改良土壤功能价值和保持与涵养水源功能价值。针对上述水土保持措施生态服务功能价值，分别采用市场价值法、机会成本法、市场替代法、影子工程法等进行经济价值估算。《四川省水土保持生态建设总体规划（2006～2030 年）》中，根据《水土保持综合治理－效益计算方法》（GB/T

15774—1995）和《水利建设项目经济评价规范》（SL 72—1994）规定的原则和方法，以四川省各个区域水土流失综合治理长期监测数据为基础，分别计算了各个分区水土流失综合治理的经济效益评价定额、减蚀效益评价定额、蓄水保水效益评价定额。本章采用四川盆地中度水蚀综合治理区的效益评价定额。

1. 直接经济价值

水土保持措施的经济效益包括措施实施后粮食增产效益、增产活立木蓄积量、增产薪材、增产瓜果和牧草的直接经济效益等。根据《四川省水土保持生态建设总体规划(2006～2030 年)》，结合南充市嘉陵区的实际情况，确定曲水河小流域水土保持年经济效益评价定额（表 7.1）。水土保持措施直接经济效益的计算公式为

$$E_e = C \cdot P \tag{7.1}$$

式中：E_e 为单位面积水土保持措施直接经济效益，元/（$hm^2 \cdot a$）；C 为产品单价；P 为水土保持措施增产产品单位面积产量。

表 7.1　曲水河小流域水土保持年经济效益评价定额

项目	水土保持措施	单位	定额
增产粮食	土坎坡改梯	t/（$hm^2 \cdot a$）	1.8
	石坎坡改梯	t/（$hm^2 \cdot a$）	1.8
	保土耕作	t/（$hm^2 \cdot a$）	0.6
	单价	元/t	1200
果品	经果林	t/（$hm^2 \cdot a$）	9
	单价	元/ t	2000
薪材	水保林	t/（$hm^2 \cdot a$）	9
	封山育林	t/（$hm^2 \cdot a$）	9
	单价	元/t	200
木材	水保林	m^3/（$hm^2 \cdot a$）	3
	封山育林	m^3/（$hm^2 \cdot a$）	2
	单价	元/m^3	500
饲草	草地	t/（$hm^2 \cdot a$）	7.5
	单价	元/t	100

2. 保持与改良土壤功能价值

水土保持措施保持与改良土壤功能价值主要包括减少土壤流失、保持土壤肥力和减轻泥沙淤积三个方面。根据《四川省水土保持生态建设总体规划（2006～2030 年）》，

结合南充市嘉陵区的实际情况，确定曲水河小流域水土保持措施年减蚀效益评价定额（表7.2）。

表7.2　曲水河小流域水土保持措施年减蚀效益评价定额

项目	土埂坡改梯/[t/(hm²·a)]	石埂坡改梯/[t/(hm²·a)]	保土耕作/[t/(hm²·a)]	经果林/[t/(hm²·a)]	水保林/[t/(hm²·a)]	种草/[t/(hm²·a)]	生态自然修复/[t/(hm²·a)]
定额	21.8	24	11.3	4.5	4.7	6	7.5

（1）减少土壤流失价值。减少土壤流失的价值主要体现在对地表土地资源的保护上，一般将水土保持措施保持的土壤转换为可利用耕地面积，利用机会成本法估算水土保持措施减少土壤流失的价值量（闫峰陵 等，2010；吴岚，2007）。其计算公式为

$$E_{\mathrm{t}} = \frac{B \cdot S}{\rho \cdot h} \tag{7.2}$$

式中：E_{t}为水土保持措施单位面积减少土壤流失价值，元/（$\mathrm{hm^2 \cdot a}$）；B为流域内耕地平均收益，元/（$\mathrm{hm^2 \cdot a}$）；S为水土保持措施减蚀量，t/（$\mathrm{hm^2 \cdot a}$）；ρ为流域平均土壤容重，$\mathrm{g/cm^3}$；h为耕作层厚度，cm。

（2）保持土壤肥力价值。土壤养分分为有机质和营养元素两类，其中营养元素主要包含N、P、K元素。土壤流失会造成土壤养分大量流失，降低土壤肥力，要保持土壤肥力不变就必须施用化肥和有机肥，因此采用市场价值法估算增施化肥和有机肥的市场价值，估算保持土壤肥力的价值（闫峰陵 等，2010）。其计算公式为

$$E_{\mathrm{f}} = S \cdot \sum_{i=1}^{4} a_i \cdot c_i \cdot r_i \tag{7.3}$$

式中：E_{f}为水土保持措施单位面积保持土壤肥力价值，元/（$\mathrm{hm^2 \cdot a}$）；S为水土保持措施减蚀量，t/（$\mathrm{hm^2 \cdot a}$）；a_i为N、P、K和有机质折算成肥料的系数；c_i为N、P、K和有机质在土壤中的含量；r_i为各种肥料的市场价格，元/t。

（3）减轻泥沙淤积价值。假设未采取水土保持措施时，淤积在河道中的泥沙采用人工清淤，采用成本法将其所需费用作为采取该措施后带来的价值。其计算公式为

$$E_{\mathrm{n}} = \frac{S}{\rho} \cdot r_{\mathrm{q}} \tag{7.4}$$

式中：E_{n}为水土保持措施单位面积减轻泥沙淤积价值，元/（$\mathrm{hm^2 \cdot a}$）；S为水土保持措施减蚀量，t/（$\mathrm{hm^2 \cdot a}$）；ρ为流域平均土壤容重，$\mathrm{g/cm^3}$；r_{q}为人工清淤费用，元/$\mathrm{m^3}$。

3. 保持与涵养水源功能价值

水土保持措施保持与涵养水源功能价值主要包括防洪价值和涵养水源价值。根据《四川省水土保持生态建设总体规划（2006～2030年）》，结合南充市嘉陵区的实际情况，确定曲水河小流域水土保持措施年蓄水保水效益评价定额（表7.3）。

表 7.3　曲水河小流域水土保持措施年蓄水保水效益评价定额

项目	土埂坡改梯 /[m³/(hm²·a)]	石埂坡改梯 /[m³/(hm²·a)]	保土耕作 /[m³/(hm²·a)]	造林 /[m³/(hm²·a)]	种草 /[m³/(hm²·a)]	生态自然修复 /[m³/(hm²·a)]
定额	2 250	2 250	1 500	2 500	1 800	1 500

（1）防洪价值。水土保持措施具有保持水分、减轻洪涝灾害的功能，可以采用影子工程法估算水土保持措施的防洪价值。其计算公式为

$$E_{\mathrm{h}} = W \cdot r_{\mathrm{s}} \tag{7.5}$$

式中：E_{h} 为水土保持措施单位面积防洪价值，元/（$\mathrm{hm}^2 \cdot \mathrm{a}$）；$W$ 为水土保持措施蓄水量，m^3/（$\mathrm{hm}^2 \cdot \mathrm{a}$）；$r_{\mathrm{s}}$ 为修建单位体积水库造价，元/m^3。

（2）涵养水源价值。考虑曲水河小流域大部分属农业区域，涵养水源价值的估算采用市场价值法，水土保持措施保持的水量主要用在农业生产上，需要收取相应数量的灌溉用水的费用作为此部分的价值量。

$$E_{\mathrm{s}} = W \cdot r_{\mathrm{g}} \tag{7.6}$$

式中：E_{s} 为水土保持措施单位面积涵养水源价值，元/（$\mathrm{hm}^2 \cdot \mathrm{a}$）；$W$ 为水土保持措施蓄水量，m^3/（$\mathrm{hm}^2 \cdot \mathrm{a}$）；$r_{\mathrm{g}}$ 为单位体积灌溉用水水价，元/m^3。

本章确定在曲水河小流域配置的水土保持措施包括梯田、等高耕作、经果林、用材林、薪炭林、封山育林、人工种草、封坡育草，利用式（7.1）～式（7.6）定量估算曲水河小流域水土保持措施优化配置中各水土保持措施的生态服务功能价值，结果见表 7.4。

表 7.4　曲水河小流域水土保持措施生态服务功能价值　单位：元/（$\mathrm{hm}^2 \cdot \mathrm{a}$）

措施类型	梯田	等高耕作	经果林	用材林	薪炭林	封山育林	人工种草	封坡育草
直接经济价值	25 480	21 880	63 000	15 000	12 000	9 000	45 000	15 000
减少土壤流失价值	52	27	36	36	36	18	54	18
保持土壤肥力价值	8 651	4 474	5 966	5 966	5 966	2 983	8 949	2 983
减轻泥沙淤积价值	209	108	144	144	144	72	217	72
防洪价值	13 749	9 166	15 277	15 277	15 277	9 166	10 999	9 166
涵养水源价值	675	450	750	750	750	450	540	450
合计	48 816	36 105	85 173	37 173	34 173	21 689	65 759	27 689

从各水土保持措施的生态服务功能价值总量来看，经果林、人工种草和坡改梯的价值较大，封山育林、封坡育草的价值较小。其中，经果林和人工种草的直接经济价值明显高于其他水土保持措施，封山育林、薪炭林、用材林和封山育草的直接经济价值比较低；保持与改良土壤功能价值除人工种草和坡改梯的较高外，其他水土保持措施的价值相差不大；等高耕作、封山育林和封坡育草的保持与涵养水源功能价值较低，其他水土保持措施的价值较高。

在各项生态服务功能价值中，直接经济价值最为突出，占生态服务功能价值总量的比例都在30%以上，其中经果林的直接经济价值占其总价值的比例最大，达到73.97%，人工种草和等高耕作的直接经济价值占其总价值的比例也较大；坡改梯、用材林和薪炭林的保持与改良土壤功能价值占其总价值的比例较大，而经果林的保持与改良土壤功能价值占其总价值的比例最小；用材林、薪炭林和封山育林的保持与涵养水源功能价值占其价值总量的比例较大，人工种草和经果林的保持与涵养水源功能价值占其价值总量的比例较小。

7.2.3 线性规划模型构建

在调查分析资料的基础上，根据曲水河小流域的自然经济特点，确定模型参数，设置模型变量，以自然资源、水土保持需求、经济目标和社会目标为约束条件，以水土保持措施生态服务功能价值为目标函数建立数学模型。线性规划模型是由目标函数和约束条件所组成的，目标函数表达式为

$$\max Z=\sum_{i=1}^{n} x_i v_i \tag{7.7}$$

式中：$\max Z$ 为流域水土保持措施最大生态服务功能价值，元/a；x_i 为第 i 类水土保持措施的面积，hm^2；v_i 为第 i 类水土保持措施的单位面积生态服务功能价值，元/（$hm^2 \cdot a$）。

1. 模型变量设置

线性规划模型的变量即为各水土保持措施的面积。曲水河小流域水土保持措施不能达到治理标准，主要是由于措施布局不合理，所选择的水土保持措施不适应当地条件，或者措施配置比例不合理。在全面分析曲水河小流域的各种调查资料和数据的基础上，从水土流失现状，土壤、自然环境特点和社会经济条件出发，分析各种水土保持措施的优势和劣势，选择出既满足水土流失治理标准和改善当地农民生活条件，又能取得一定经济效益的水土保持措施，作为线性规划的变量。曲水河小流域水土保持措施数量结构优化模型共设置8个变量，即梯田（x_1）、等高耕作（x_2）、经果林（x_3）、用材林（x_4）、薪炭林（x_5）、封山育林（x_6）、人工种草（x_7）、封坡育草（x_8）的面积。

2. 模型参数

模型参数是水土保持措施数量结构优化（线性规划）模型的基础，主要是对各种水土保持措施的生态服务功能价值进行定量估算。本章中，模型参数主要包括各种水土保持措施的生态服务功能价值，见表7.4。

3. 目标函数

曲水河小流域水土保持措施数量结构优化的模型设计中将目标函数确定为流域水土保持措施的生态服务功能价值最大化。通过对水土保持措施的功能进行分析，明确改善生态环境、提高农民生活水平和农村经济发展三者之间的关系。但是，水土保持措施数量

结构优化寻求的目标是落实在水土保持效益上，同时线性规划的特点在于定量地反映各组成成分之间的关系。因此，为了消除各种水土保持效益之间度量的差异，将水土保持效益统一转化为生态服务功能价值，资源、水土保持需求、经济和社会目标等均作为约束条件。水土保持措施不同，从而取得的水土保持效益、环境效益和社会经济效益也不同。经过对曲水河小流域水土保持措施生态服务功能价值的估算，选取 8 个水土保持措施及其生态服务功能价值（表 7.4）。具体的目标函数为

$$\max Z = 48\,816x_1 + 36\,105x_2 + 85\,173x_3 + 37\,173x_4 + 34\,173x_5 + 21\,689x_6 + 65\,759x_7 + 27\,689x_8 \quad (7.8)$$

因为目标函数受到社会经济目标和其他条件的约束，因此最大目标函数值只能在一定资源条件，提高当地农民生活水平和促进当地农村经济发展的前提下取得。改善生态环境和促进社会经济发展的关键在于建立合理的农业生产结构和土地利用结构，因此，水土保持措施数量结构优化模型反映的是各项水土保持措施面积占区域总土地面积的分配比例。

4. 模型约束条件

对一定的区域来说，投入水土保持措施的资源如土地、劳动力、资金都是有限的，流域要达到水土流失治理标准，流域产出的粮食、水果、林草等社会需求量也是有限的，这些都是模型的约束条件。这些具体反映出资源、社会经济条件，水土保持目标和社会经济目标对水土保持措施系统的约束。这些约束条件主要根据曲水河小流域的水土保持规划、经济发展水平和区域发展规划来确定。

（1）水土流失面积约束。将流域土壤侵蚀速率大于 8 t/（hm^2·a）的区域规定为水土流失区，用于配置水土保持措施，则约束条件为

$$x_1 + x_2 + x_3 + x_4 + x_5 + x_6 + x_7 + x_8 = 17\,194 \quad (7.9)$$

（2）林草面积约束。为了改善曲水河小流域的生态环境，提高流域的植被覆盖度，将流域水土流失区面积的 75%以上进行退耕还林、还草，则约束条件为

$$x_3 + x_4 + x_5 + x_6 + x_7 + x_8 \geqslant 12\,896 \quad (7.10)$$

（3）土壤侵蚀治理约束。根据南充市嘉陵区水土保持生态环境建设总体规划要求 2030 年将水土流失区全部治理，并达到初步治理标准。具体规定曲水河小流域土壤侵蚀量减少 77%。根据 2030 年规划的治理标准，曲水河小流域不同土壤侵蚀等级区域应减少的土壤侵蚀量见表 7.5。

综合考虑水土保持生态环境建设总体规划和流域水土流失现状，在流域强度以上水土流失区营造水保林、种草和坡改梯，中度以下水土流失区营造经果林、实行等高耕作和封禁治理，则约束条件为

$$26.33(x_1 + x_4 + x_5 + x_7) + 4.83(x_2 + x_3 + x_6 + x_8) \leqslant 234\,806 \quad (7.11)$$

（4）荒山治理约束。曲水河小流域水土流失区中现有荒山面积 785 hm^2，包括其他

表 7.5　曲水河小流域不同土壤侵蚀等级区域治理标准

侵蚀等级	侵蚀面积 /hm^2	侵蚀模数		治理后土壤年侵蚀总量 /（t/a）
		治理前 /［t/（hm^2·a）］	治理后 /［t/（hm^2·a）］	
轻度	5 568	15.89	3.65	20 350
中度	4 102	35.85	8.24	33 818
强度	2 710	63.89	14.69	39 815
极强度	3 351	109.41	25.16	84 319
剧烈	1 463	167.88	38.61	56 503
合计	17 194			234 806

林地、其他草地、裸地、灌木林地，全部用于营造水保林、经果林、种草、封禁治理，则约束条件为

$$x_3+x_4+x_5+x_6+x_7+x_8 \geqslant 785 \quad (7.12)$$

（5）水保林约束。为保证流域水土保持治理效益，林分结构以水保林为主，规定经果林面积不超过水保林面积的 1/2，则约束条件为

$$x_3 \leqslant \frac{1}{2}(x_4+x_5) \quad (7.13)$$

（6）中度水土流失区经营约束。流域内中度水土流失区全部用于营造经果林和人工种草，则约束条件为

$$x_3+x_7 \geqslant 4\,102 \quad (7.14)$$

（7）经果林约束。为了避免影响水土流失治理计划的完成，根据南充市嘉陵区水土保持生态环境建设总体规划，经果林面积占水土流失区面积比例为 12.94%。因此将这一比例作为曲水河小流域经果林面积的规划比例，则约束条件为

$$x_3 \leqslant 2\,225 \quad (7.15)$$

（8）粮食需求约束。粮食生产应保证流域生活和生产的基本需求，主要根据曲水河小流域人口的粮食需求量，养殖牲畜、家禽的粮食需求量来确定。人口粮食需求量=人均年消费粮食（全国平均水平）×总人口=350 kg/人×141 666 人=49 583.1 t；牲畜粮食需求量=每头猪需要粮食数量×总数=40 kg/头×183 152 头=7 326.08 t；家禽粮食需求量=每只家禽需要粮食数量×总数=2.5 kg/只×2 703 646 只=6 759.115 t。流域粮食生产中部分来源于非水土流失区的耕地，即非水土流失区耕地年粮食产量=单位面积粮食产量（流域粮食平均产量）×非水土流失区耕地面积=4.87 t/hm^2×7 561 hm^2=36 822.07 t。因此，流域水土流失区耕地的粮食产量应该大于流域粮食需求总量与非水土流失区耕地粮食产量的差值。则约束条件为

$$6.37x_1+5.47x_2 \geqslant 26\,846 \quad (7.16)$$

（9）牧草需求约束。曲水河小流域的牧草需求主要是以羊的需求为主，即牧草需求量=每只羊需要牧草数量 350 kg×总数 157 218=55 026 t。则约束条件为

$$22.5x_7+7.5x_8 \geqslant 55\,026 \tag{7.17}$$

（10）薪炭需求约束。人们用于生产生活的燃料主要来源于材林、薪炭林和封山育林。薪炭需求量=人均年薪炭需要量×总人口=456 kg/人×141 666 人=64 600 t。则约束条件为

$$9x_4+15x_5+9x_6 \geqslant 64\,600 \tag{7.18}$$

（11）耕作制度和坡改梯约束。根据南充市嘉陵区水土保持生态环境建设总体规划，水土流失区用于耕作的面积应小于水土流失区面积的 25%，即等高耕作和坡改梯的面积和应小于水土流失区面积的 25%。由于坡改梯投资成本大，劳动力需求量大，考虑曲水河小流域当地农民的实际经济状况和劳动力数量，规定坡改梯面积应小于等高耕作面积的 1/3，则约束条件为

$$x_1+x_2 \leqslant 4\,298 \tag{7.19}$$

$$x_1 \leqslant \frac{1}{3}x_2 \tag{7.20}$$

（12）封禁治理约束。根据南充市嘉陵区水土保持生态环境建设总体规划，封禁治理的面积至少要占水土流失区面积的 20%，并且封山育林面积不得少于封坡育草面积的 1/2。则约束条件为

$$x_6+x_8 \geqslant 3\,439 \tag{7.21}$$

$$x_6 \geqslant \frac{1}{2}x_8 \tag{7.22}$$

此外模型变量还需满足非负的约束条件。将模型约束条件列为增广矩阵，常数项通过约束条件式（7.9）～公式（7.22）确定，曲水河小流域水土保持措施数量结构优化模型见表 7.6。

表 7.6 曲水河小流域水土保持措施数量结构优化模型

约束条件	变量								约束式	常数项
	x_1	x_2	x_3	x_4	x_5	x_6	x_7	x_8		
水土流失面积	1	1	1	1	1	1	1	1	=	17 194
林草面积	0	0	1	1	1	1	1	1	≥	12 896
土壤侵蚀治理	26.33	4.83	4.83	26.33	26.33	4.83	26.33	4.83	≤	23 4806
荒山治理	0	0	1	1	1	1	1	1	≥	785
水保林	0	0	1	−0.5	−0.5	0	0	0	≤	0
中度水土流失区经营	0	0	1	0	0	0	1	0	≥	4 102
经果林	0	0	1	0	0	0	0	0	≤	2225

续表

约束条件	变量								约束式	常数项
	x_1	x_2	x_3	x_4	x_5	x_6	x_7	x_8		
粮食需求	6.37	5.47	0	0	0	0	0	0	≥	26 846
牧草需求	0	0	0	0	0	0	22.5	7.5	≥	55 026
薪炭需求	0	0	0	9	15	9	0	0	≥	64 600
耕作制度和坡改梯	1	1	0	0	0	0	0	0	≤	4 298
	1	−1/3	0	0	0	0	0	0	≤	0
封禁治理	0	0	0	0	0	1	0	1	≥	3 439
	0	0	0	0	0	1	0	−0.5	≥	0
目标函数	48 816	36 106	85 173	37 173	34 173	21 689	65 759	27 689		

7.2.4　数量结构优化结果

将建立的曲水河小流域水土保持措施数量结构优化模型在 MATLAB 软件平台的支持下，通过优化模块编程计算出模型的最优解，即水土保持措施的优化面积（表 7.7）。参照各水土保持措施生态服务功能价值的估算值，计算出优化后曲水河小流域各水土保持措施的生态服务功能价值及其总量，其中，流域水土保持措施生态服务功能价值总量达到 76 753 万元，是流域 2007 年地区生产总值为 1.12 倍。

优化方案中，用材林的面积最大，达到 4 261 hm^2，分别占水土流失区面积的 24.78%和流域总面积的 14.90%；其次为等高耕作，其面积为 3 224 hm^2，分别占水土流失区面积的 18.75%和流域总面积的 11.27%；经果林、人工种草和封坡育草的面积都在 2 000 hm^{2}左右，占水土流失区面积的比例在 10%～13%；梯田、薪炭林和封山育林的面积较小，面积都稍大于 1 000 hm^2，占水土流失区面积的比例不到 8%。

水土保持措施数量结构优化后具有的生态服务功能价值中，经果林的价值量最大，达到 18 950 万元，占流域总价值量的 24.69%；其次为用材林、人工种草和等高耕作，价值量都在 10 000 万元以上，仅次于经果林，分别占流域总价值量的 20.64%、16.08%和 15.17%；草地封育、梯田和薪炭林的价值量较小，都在 5 000 万元左右，分别占流域总价值量的 7.8%、6.83%和 5.74%；封山育林的价值量最小，为 2344 万元，仅占流域总价值量的 3.05%。

表 7.7　曲水河小流域水土保持措施数量结构优化结果

水土保持措施		优化面积/hm^2	占水土流失区面积比例/%	占流域总面积比例/%	生态服务功能价值/（万元/a）
梯田	x_1	1 074	6.25	3.76	5 243
等高耕作	x_2	3 224	18.75	11.27	11 641
经果林	x_3	2 225	12.94	7.78	18 950

续表

水土保持措施		优化面积/hm^2	占水土流失区面积比例/%	占流域总面积比例/%	生态服务功能价值/（万元/a）
用材林	x_4	4 261	24.78	14.90	15 839
薪炭林	x_5	1 290	7.50	4.51	4 407
封山育林	x_6	1 081	6.29	3.78	2 344
人工种草	x_7	1 877	10.92	6.56	12 343
封坡育草	x_8	2 162	12.57	7.56	5 986
合计	x_9	17 194	100	60.12	76 753

7.3　水土保持措施空间优化配置

水土保持措施数量结构优化仅能根据目标函数和约束条件建立线性规划模型，得到优化的水土保持措施面积比例，没有考虑水土保持措施的空间配置问题。因此，在空间上如何合理地调整土地利用结构，如何将水土保持措施合理地配置到具体的空间单元上，是亟待解决的关键问题。

对于一个小流域而言，如果只涉及将一种措施配置到空间单元上，则只需要按照该措施适宜性指数从高到低的原则，将水土保持措施配置到一定面积的空间单元上；如果涉及将多种水土保持措施同时配置到空间单元上，则是一种在空间上的多目标决策问题，需要借助一定的方法和技术来实现。

曲水河小流域水土保持措施空间优化配置是一个多目标决策问题，需要 GIS 技术和多目标决策方法的有效结合，充分发挥 GIS 在空间分析上的优势和多目标决策在选择最优方案、决策过程上的优势。大部分学者的研究主要是将结合 GIS 的多目标决策方法应用于选址问题（Malczewski，2006；Carver，1991b）、土地利用适宜性评价（Liu et al.，2006；Alshuwaikhat et al.，1996）和土地利用优化配置（Santé-Riveira et al.，2008；Svoray et al.，2005）。水土保持措施空间优化配置实质上也是属于土地利用优化配置问题，但是，这些方法在应用过程中受到两个方面的限制：一是构建的模型相对复杂，需要比较专业的数学知识和数学工具软件，使得模型的应用不易实现；二是在水土保持措施空间优化配置中，作为决策候选项的空间单元数量非常大，如果采用最常用的线性规划模型，模型的变量非常多，而线性规划模型不适于处理这类具有大量决策候选项的问题。Eastman 等（1995）在基于 GIS 的单目标决策基础上，提出 GIS 支持下适合大量栅格数据的启发式多目标决策方法。该方法是以单目标决策结果为基础，采用图解法进行多目标决策，模型构建及其应用比较简单，在土地利用优化配置中得到广泛应用（钮心毅，2008）。因此，在已有的水土保持措施适宜性空间评价结果和水土保持措施数量结构优化结果的基础上，本章将采用这种方法进行曲水河小流域水土保持措施空间优化配置。

7.3.1 优化目标

通过对曲水河小流域水土流失和水土保持措施现状的调查发现，在部分坡改梯区域，由于当地农村劳动力的减少和较低的维护投资，梯田不能得到有效维护，梯田的总体质量较低；其次，农民在一些坡度较大的耕地上进行等高耕作，水土流失不能得到有效防治，农作物产量也没有得到提高；第三，在一些区域盲目地进行退耕还林、还草，没有考虑当地的立地条件和经济发展状况。简单地说，这些问题的本质就是水土保持措施没有配置到适宜的区域上，从而不能有效发挥这些措施的水土保持效益。

因此，曲水河小流域水土保持措施空间优化配置的目标为：针对曲水河小流域水土保持措施空间配置不合理的问题，依据各水土保持措施的适宜性规律，以水土保持措施适宜性的空间评价为基础，将水土保持措施配置到其适宜性较高的空间单元上，得到流域累积适宜性指数最大的水土保持措施空间优化配置模式。

其目标函数表达式为

$$
\begin{aligned}
&\max W = \sum_{i=1}^{m}\sum_{j=1}^{n_i} \mathrm{SI}_{ij} \\
&\text{s.t.}\ \ n_i \cdot a = A_i,\ \sum_{i=1}^{m} A_i = A
\end{aligned}
\tag{7.23}
$$

式中：$\max W$ 为流域水土保持措施最大累积适宜性指数；SI_{ij} 为第 i 类水土保持措施在第 j 空间单元的适宜性指数；a 为每个空间单元的面积（30 m×30 m）；A_i 为第 i 类水土保持措施在流域内的配置面积，hm^2；A 为流域的总面积，hm^2；m 为水土保持措施的数量，n_i 为第 i 类水土保持措施在流域内的空间单元数量。

7.3.2 GIS 支持下的多目标决策

1. 基本概念

决策（decision）是从若干可选的方案中选择或者决定最佳方案的分析过程。在实际的研究过程中，人们面临的系统决策问题常常是多目标的。例如，在水土保持措施空间优化配置时，既要考虑一种措施的适宜性最大，又要使其他措施的适宜性较高。这些措施在空间配置过程中，要同时考虑多种措施的适宜性，而这些措施的适宜性往往是难以比较的，甚至是彼此矛盾的；一般很难使每个措施都达到最适宜，决策过程相当复杂，决策者常常难以轻易做出使各方面都满意的决策。多目标决策实质上就是在各目标之间和各种约束条件之间求得一种合理的妥协，这就是多目标最优化的过程。例如，水土保持措施空间优化配置中具有多个目标的决策就是多目标决策。

多目标决策的关键是决策规则（decision rule）的确定。多目标决策的决策规则一般可以分为两类：一类是基于函数的选择（choice function）；另一类是启发式的选择（choice heuristic）。前者是通过求解数学函数在若干候选方案中做出选择，这种方法涉及具体的优化问题，如目标的最大化或最小化，因此理论上要求对每个候选方案进行轮流比较。但是，在一些实际情况中，优化方法只是对可能的候选方案进行评价，如线性规划。后者是确定一个评价候选方案需要遵循的过程，而不是一个函数。这种方法有时能够得到和函数选择相同的结果，然而在一些情况下只能得到一个接近最优方案的近似值。启发式的选择通常理解比较简单，实现也比较容易，因而该方法已经得到广泛应用。

决策规则一般是在具体的目标下构建的，因而目标对决策规则的构建具有指导作用。多目标决策过程中的这些目标可能是互补的或者相矛盾的。如果这些目标是互补的或者不矛盾的，需要配置的空间单元可能满足一种以上的目标，优化配置应该是尽可能同时满足这些目标。如果这些目标是相矛盾的，在有限的空间范围内，这些目标就会产生竞争，可以通过确定决策规则解决。

对于目标是互补的情况，多目标决策通常是通过对多准则评价过程进行等级扩展来解决。例如，可以给每个目标赋予一个权重把不同目标的适宜性指数综合成单个适宜性指数，用以表示达到这些目标的程度。

对于目标是相矛盾的情况，多目标决策可以通过对目标划分等级次序并取得一个最优解。解决相矛盾目标的决策问题时通常采用的方法包括选择函数的优化（线性规划）和博弈论。

2. 启发式多目标决策

多目标决策是水土保持措施空间优化配置面临的主要问题，但是在 GIS 环境中解决这个问题的方法还很少。在本章中，由于不同空间单元对于不同水土保持措施的适宜性是不一样的，需要解决的就是目标在相矛盾情况下的多目标决策问题。也就是说，一个空间单元只能配置一种水土保持措施。Eastman 等（1995）提出的方法解决了在 GIS 环境中曲水河小流域水土保持措施空间配置的多目标决策问题。该方法的核心是建立一个决策空间，每一种水土保持措施的适宜性评价结果分别作为决策空间的一个坐标轴，每一个空间单元位于决策空间中的一个点。水土保持措施适宜性评价过程中，由于评价准则的不同，措施适宜性指数的分布会有差异。如果直接使用适宜性指数作为决策空间的坐标值，决策空间就失去了衡量目标之间相互重要性的意义（钮心毅，2008）。本章不直接使用适宜性指数作为决策空间的坐标值，而是分别对每种水土保持措施的适宜性指数进行升序排序，将排序后的序号作为决策空间的坐标值。下面以两种措施的空间配置为例，建立二维决策平面（图 7.2），说明启发式多目标决策的基本过程。

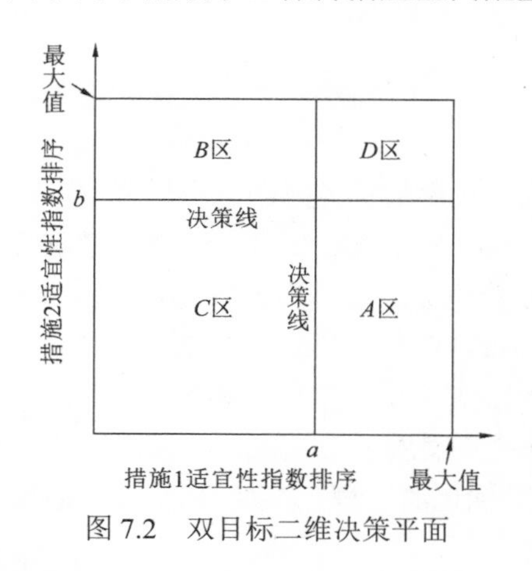

图 7.2　双目标二维决策平面

（1）水土保持措施适宜性指数排序。在 ArcGIS 软件的支持下，利用属性表对字段的排序功能，将各水土保持措施适宜性指数按升序进行排序，并添加新的序号字段，以措施适宜性指数的序号作为序号字段的值。

（2）建立决策空间。如图 7.2 所示，横轴表示措施 1 适宜性指数排序值，纵轴表示措施 2 适宜性指数排序值，横轴和纵轴的最大值相同且都为流域的空间单元总数。流域中的每个空间单元根据各措施适宜性指数的排序值确定在决策空间中的位置。排序后需要计算每个坐标轴的特殊排序值 a 和 b。措施 1 适宜性指数排序值大于 a 的空间单元是符合措施 1 的候选项；措施 2 适宜性指数排序值大于 b 的空间单元是符合措施 2 的候选项。最大值和 a 的差值为措施 1 在流域内的配置面积转化为空间单元的数量；最大值和 b 的差值为措施 2 在流域内的配置面积转化为空间单元的数量。横轴 a 点和纵轴 b 点垂直于坐标轴的线为决策线，这两条决策线将决策空间划分为 A、B、C、D 4 个区域。其中，A 区为措施 1 适宜区，不适宜措施 2；B 区为措施 2 适宜区，不适宜措施 1；C 区为不适宜区，既不适宜措施 1 也不适宜措施 2；D 区为冲突区，既适宜措施 1 又适宜措施 2。

（3）非冲突区水土保持措施的空间配置。根据空间单元在非冲突区的位置确定配置措施：在 A 区中，空间单元配置措施 1；在 B 区中，空间单元配置措施 2；在 C 区中，不配置任何措施。

（4）冲突区水土保持措施的空间配置。为了解决这一问题，需要进一步将决策空间的冲突区划分为两个子区域（图 7.3）。措施 1 的理想点表示措施 1 的适宜性最大而措施 2 的适宜性最小的点；相反，措施 2 的理想点就是措施 2 的适宜性最大而措施 1 的适宜性最小的点。因此，越接近措施 1 的理想点，空间单元就配置措施 1；同理，越接近措施 2 的理想点，空间单元就配置措施 2。冲突区内的空间单元既适宜配置措施 1，又适宜配置措施 2，需通过划分冲突区的子区域实现决策。但是冲突区划分后，措施 1 和措施 2 的空间单元数量会小于这两种措施要求的配置面积。解决这一问题的方法就是调低决策平面坐标 a 和 b 的值，人为适度地扩大措施 1 和措施 2 的配置面积，使得决策平面中 A、B、D 区的范围适当扩大，增加决策平面上 A、B、D 区内的空间单元数量。通过反复调整决策平面坐标 a 和 b 的值，分别使配置措施 1 和措施 2 的空间单元数据达到要求的配置面积。

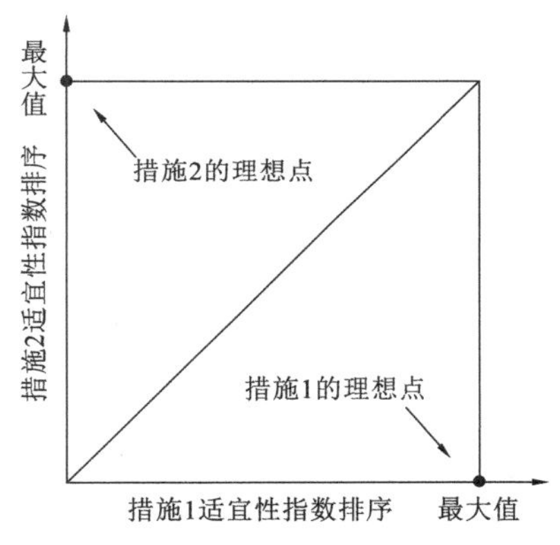

图 7.3　决策平面冲突区子区域的划分

7.3.3　空间优化配置结果

根据上述理论，基于水土保持和生态环境建设的要求，将曲水河小流域划分为水土流失区和非水土流失区。水土流失区为水土保持措施的空间配置范围。分别对梯田、等高耕作、退耕还林、退耕还草的适宜性空间评价结果进行升序排序，然后依据每一种水土保持措施适宜性排序值，建立四维的决策空间。

除梯田和等高耕作是单独的水土保持措施外，退耕还林包括经果林、用材林、薪炭林、封山育林，退耕还草包括人工种草、封坡育草。在退耕还林空间配置的决策过程中，按照经果林、用材林、薪炭林、封山育林的先后顺序依次进行配置。在退耕还草空间配置的决策过程中，按照人工种草、封坡育草的先后顺序依次进行配置。曲水河小流域水土保持措施空间优化配置结果如图 7.4 所示。

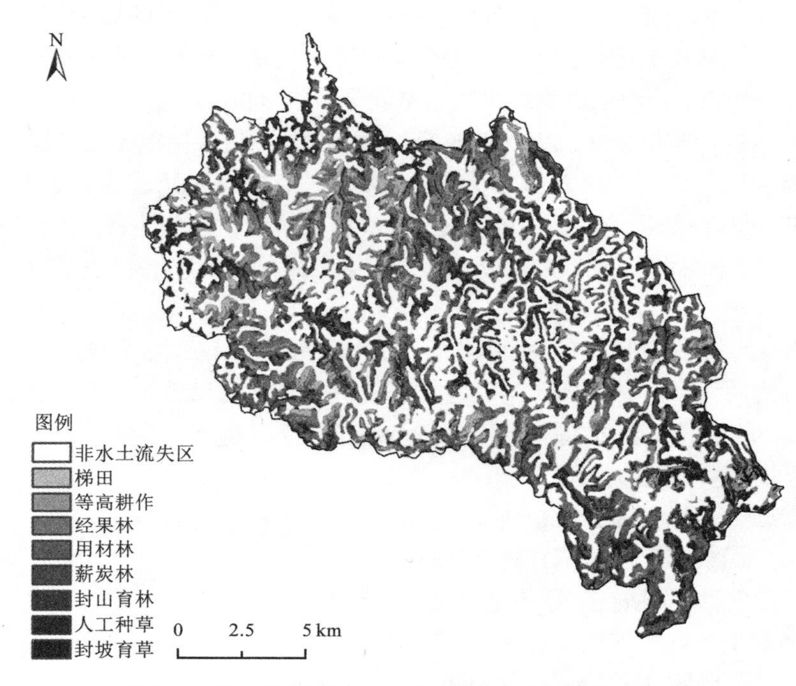

图 7.4　曲水河小流域水土保持措施空间优化配置结果

7.3.4　水土保持措施空间优化配置模式

根据曲水河小流域水土保持措施空间优化配置结果的空间分布特点，可将曲水河小流域的水土保持措施配置模式划分为三类空间优化配置模式（图 7.5），即工程–林–草措施空间配置模式(I)、农艺–林–草措施空间配置模式(II)和水保林措施空间配置模式(III)。同时，应用 ArcGIS 空间统计功能分析各种优化模式的面积比例关系（表 7.8）。

从图 7.5 和表 7.8 可以看出，工程–林–草措施空间配置模式分布范围最广，其水土保持措施配置面积占流域水土流失区面积的 46.76%，分布于流域的西北部，是流域水土流失区的主要配置模式；农艺–林–草措施空间配置模式和水保林措施空间配置模式基本是生态建设模式，分布面积较小，分别占流域水土流失区面积的 28.96%和 24.28%，分布于流域的中部和东南部。

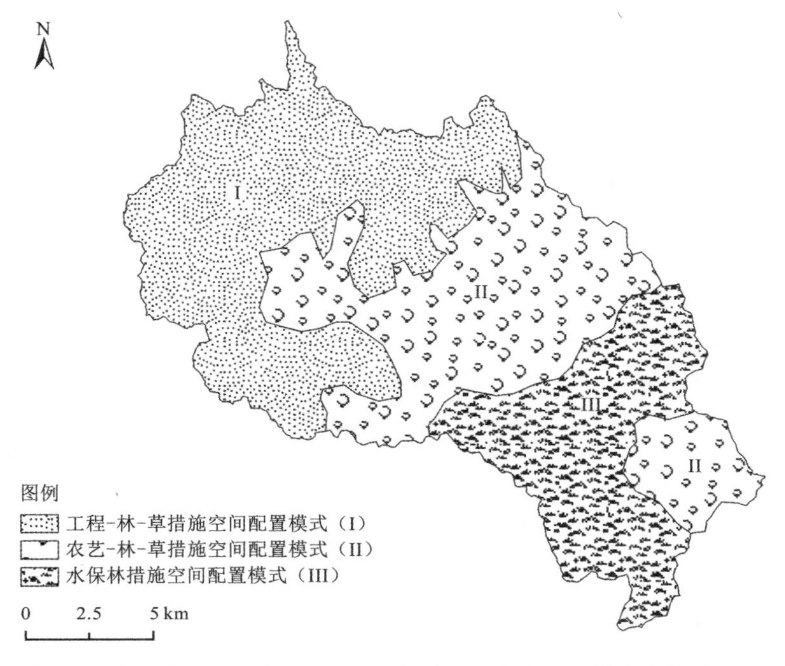

图7.5 曲水河小流域水土保持措施空间优化配置模式分布图

表7.8 曲水河小流域水土保持措施空间优化配置模式面积统计

水土保持措施	模式 I		模式 II		模式 III	
	面积/hm^2	比例/%	面积/hm^2	比例/%	面积/hm^2	比例/%
梯田	824.70	4.80	45.00	0.26	204.30	1.19
等高耕作	1 181.88	6.87	1 348.22	7.84	693.90	4.04
经果林	1 452.42	8.45	187.76	1.09	584.82	3.40
用材林	1 769.85	10.29	1025.37	5.96	1 465.78	8.52
薪炭林	498.54	2.90	456.12	2.65	335.34	1.95
封山育林	428.23	2.49	398.97	2.32	253.80	1.48
人工种草	365.67	2.13	1 071.77	6.23	439.56	2.56
封坡育草	1 518.05	8.83	446.67	2.60	197.28	1.15
合计	8 039.34	46.76	4 979.88	28.96	4 174.78	24.28

1. 工程–林–草措施空间配置模式（I）

该模式主要配置于流域西北部水土流失区，主要措施包括梯田、经果林、用材林和封坡育草，分别占到其在流域总配置面积的76.79%、65.28%、41.54%和70.22%。薪炭林和封山育林的分布范围较小，但是其占到在流域总配置面积的比例较大。该模式注重农业经济和生态建设的共同发展，在保证防治水土流失和基本农田建设的同时，适度发展农林经济。

2. 农艺–林–草措施空间配置模式（II）

该模式主要配置于流域中部和东部部分水土流失区，主要措施包括等高耕作、用材林和人工种草，分别占到其在流域总配置面积的 41.82%、24.06%和 57.10%。该模式在坡耕地广泛实施等高耕作，同时推行人工种草，辅助一定面积的薪炭林和封山育林，保证基本粮食需求和水土流失防治。

3. 水保林措施空间配置模式（III）

该模式主要配置于流域东南部水土流失区，主要措施为用材林，占到其在流域总配置面积的 34.40%，同时适当配置一些其他林草措施。该模式的功能以水土保持和生态建设为主。

7.4 小　　结

本章旨在从小流域尺度，应用线性规划、启发式多目标决策、GIS 相耦合的方法，结合曲水河小流域的当地条件，从水土保持措施数量结构优化和空间优化配置两个方面，初步探讨曲水河流失水土保持措施优化配置。

（1）以流域水土保持措施生态服务功能价值最大化为目标，建立了线性规划模型，得到了在一定约束条件下的水土保持措施数量结构优化方案。注重流域水土流失防治，退耕还林、还草的配置面积占水土流失区面积的 75%；适度发展流域的农业生产，梯田和等高耕作的配置面积占水土流失区面积的 25%。优化后，流域水土保持措施生态服务功能价值总量达到 76 753 万元，经果林的价值量最大，其次为用材林、人工种草和等高耕作，草地封育、梯田和薪炭林的价值量较小，封山育林的价值量最小。

（2）以流域水土保持措施适宜性空间评价为基础，在措施配置面积一定的条件下，结合 GIS 与启发式多目标决策方法，得到流域水土保持措施累积适宜性指数最大化的空间优化配置结果。

（3）考虑流域水土流失现状和水土保持措施空间优化配置结果的空间分布特点，将流域划分为 3 类空间优化配置模式，即工程–林–草措施空间配置模式（I）、农艺–林–草措施空间配置模式（II）和水保林措施空间配置模式（III）。

参考文献

卞鸿雁, 庞奖励, 任志远, 等, 2012. 基于土地利用变化的土壤保持效益时空动态: 以黄土高原南部为例[J]. 生态学杂志, 31(9): 2391-2396.

蔡崇法, 丁树文, 史志华, 等, 2000. 应用 USLE 模型与地理信息系统 IDRISI 预测小流域土壤侵蚀量的研究[J]. 水土保持学报, 14(2): 19-24.

陈雷, 2002. 中国的水土保持[J]. 中国水土保持(7): 4-6.

陈雪, 蔡强国, 王学强, 2008. 典型黑土区坡耕地水土保持措施适宜性分析[J]. 中国水土保持科学, 6(5): 44-49.

陈飞香, 程家昌, 胡月明, 等, 2013. 基于 RBF 神经网络的土壤铬含量空间预测[J]. 地理科学, 33(1): 69-74.

陈锋锐, 秦奋, 李熙, 等, 2012. 基于多元地统计的土壤有机质含量空间格局反演[J]. 农业工程学报, 28(20): 188-194, 297.

陈江南, 姚文艺, 李勉, 等, 2006. 无定河流域水土保持措施配置及减沙效益分析[J]. 中国水土保持(8): 24-25.

陈尚洪, 朱钟麟, 吴婕, 等, 2006. 紫色土丘陵区秸秆还田的腐解特征及对土壤肥力的影响[J]. 水土保持学报, 20(6): 141-144.

陈协蓉, 王泽仕, 李钦榜, 等, 1994. 四川土种志[M]. 成都: 四川科学技术出版社.

陈正发, 郭宏忠, 史东梅, 等, 2010. 地形因子对紫色土坡耕地土壤侵蚀作用的试验研究[J]. 水土保持学报, 24(5): 83-87.

丛爽, 2009. 面向 MATLAB 工具箱的神经网络理论与应用[M]. 合肥: 中国科学技术大学出版社.

代富强, 刘刚才, 2011. 紫色土丘陵区典型水土保持措施的适宜性评价[J]. 中国水土保持科学, 9(4): 23-30.

代富强, 周启刚, 刘刚才, 2014. 基于回归克里格和遥感的紫色土区土壤有机质含量空间预测[J]. 土壤通报, 45(3): 562-567.

戴金梅, 查轩, 黄少燕, 等, 2017. 不同植被覆盖度对紫色土坡面侵蚀过程的影响[J]. 水土保持学报, 31(3): 33-38.

鄂竞平, 2008. 中国水土流失与生态安全综合科学考察总结报告[J]. 中国水土保持(12): 3-7.

关君蔚, 2002. 中国水土保持学科体系及其展望[J]. 北京林业大学学报, 24(5/6): 273-276.

郭龙, 张海涛, 陈家赢, 等, 2012. 基于协同克里格插值和地理加权回归模型的土壤属性空间预测比较[J]. 土壤学报, 49(5): 1037-1042.

何丙辉, 缪驰远, 吴咏, 等, 2004. 遂宁组紫色土坡耕地土壤侵蚀规律研究[J]. 水土保持学报, 18(3): 9-11, 15.

何毓蓉, 张保华, 周红艺, 等, 2002. 紫色土的水土保持与持续农业环境[J]. 水土保持学报, 16(5): 11-13.

何毓蓉, 等, 2003. 中国紫色土(下篇)[M]. 北京: 科学出版社.

何长高, 董增川, 陈卫宾, 等, 2008. 基于水资源合理配置的流域水土保持结构优化模型研究[J]. 岩土工程学报, 33(11): 1738-1742.

胡广录, 2002. 水土保持工程[M]. 北京: 中国水利水电出版社.

花利忠, 贺秀斌, 朱波, 2007. 川中丘陵区小流域土壤侵蚀空间分异评价研究[J]. 水土保持通报, 27(3): 111-115, 183.

黄昌勇, 等, 2000. 土壤学[M]. 北京: 中国农业出版社.
姜万勤, 徐才洪, 舒仲英, 等, 1995. 四川丘陵区水土保持措施配置优化模型及其效益[J]. 成都科技大学学报, 27(4): 19-27.
姜万勤, 张新华, 1997. 川中丘陵区荒坡利用方式对水土流失影响的研究[J]. 自然资源学报, 12(1): 17-22.
蒋定生, 江忠善, 1992. 黄土高原丘陵区水土流失规律与水土保持措施优化配置研究[J]. 水土保持学报, 6(3): 14-17.
雷孝章, 曹叔尤, 戴华龙, 等, 2003. 川中丘陵区“长治”工程的减沙效益研究[J]. 泥沙研究(1): 52-58.
黎锁平, 1995. 水土保持综合治理效益的灰色系统评价方法[J]. 水土保持科技情报(4): 23-26.
李晶, 任志远, 2007. 基于 GIS 的陕北黄土高原土地生态系统水土保持价值评价[J]. 中国农业科学, 40(12): 2796-2803.
李锐, 杨勤科, 吴普特, 等, 2003. 中国水土保持科技发展战略思考[J]. 中国水土保持科学, 1(3): 5-9.
李新, 程国栋, 卢玲, 2003. 青藏高原气温分布的空间插值方法比较[J]. 高原气象, 22(6): 565-573.
李艳, 史舟, 程街亮, 等, 2006. 辅助时序数据用于土壤盐分空间预测及采样研究[J]. 农业工程学报, 22(6): 49-55.
李成杰, 许靖华, 焦宝明, 2004. 试论水保措施优化配置及方法[J]. 水土保持科技情报(6): 11-12.
李启权, 王昌全, 张文江, 等, 2013. 基于神经网络模型和地统计学方法的土壤养分空间分布预测[J]. 应用生态学报, 24(2): 459-466.
李秋艳, 蔡强国, 方海燕, 等, 2009. 长江上游紫色土地区不同坡度坡耕地水保措施的适宜性分析[J]. 资源科学, 21(12): 2157-2163.
李屹峰, 罗跃初, 刘纲, 等, 2013. 土地利用变化对生态系统服务功能的影响: 以密云水库流域为例[J]. 生态学报, 33(3): 726-736.
李志华, 景风瑞, 胡高纯, 1998. 平顶山市丘陵区沟头防护生物措施配置研究[J]. 水土保持通报, 18(1): 8-12.
李仲明, 唐时嘉, 张先婉, 等, 1991. 中国紫色土(上篇)[M]. 北京: 科学出版社.
梁音, 史学正, 1999. 长江以南东部丘陵山区土壤可蚀性 K 值研究[J]. 水土保持研究, 6(2): 48-53.
廖菁菁, 黄标, 孙维侠, 等, 2007. 农田土壤有效磷的时空变异及其影响因素分析: 以江苏省如皋市为例[J]. 土壤学报, 44(4): 620-628.
林超文, 涂仕华, 黄晶晶, 等, 2007. 植物篱对紫色土区坡耕地水土流失及土壤肥力的影响[J]. 生态学报, 27(6): 2191-2198.
林芬芳, 2009. 不同尺度土壤质量空间变异机理、评价及其应用研究[D]. 杭州: 浙江大学.
刘青, 范建容, 2012. 长江上游生态系统土壤保持重要性评价及分区[J]. 长江科学院院报, 29(11): 22-27, 41.
刘爱霞, 王静, 刘正军, 2009. 三峡库区土壤侵蚀遥感定量监测: 基于GIS和修正通用土壤流失方程的研究[J]. 自然灾害学报, 18(4): 25-30.
刘定辉, 李勇, 2003. 植物根系提高土壤抗侵蚀性机理研究[J]. 水土保持学报, 17(3): 34-37, 117.
刘付程, 史学正, 顾也萍, 等, 2003. 地理信息系统在土壤属性制图中的应用[J]. 安徽师范大学学报(自然科学版）, 26(2): 173-176.
刘刚才, 高美荣, 张建辉, 等, 2001. 川中丘陵区典型耕作制下紫色土坡耕地的土壤侵蚀特征[J]. 山地学报, 19(S1): 65-70.
刘刚才, 李兰, 周忠浩, 等, 2005. 紫色土丘陵区坡耕地退耕对水土流失的影响及其效益评价[J]. 中国水土保持科学, 3(4): 32-36.
刘刚才, 游翔, 张建辉, 等, 2008. 紫色土丘陵区陡坡荒地水土保持措施的适宜性初探[J]. 山地学报, 26(6): 714-720.

刘刚才, 张建辉, 杜树汉, 等, 2009. 关于水土保持措施适宜性的评价方法[J]. 中国水土保持科学, 7(1): 108-111.
刘光崧, 蒋能慧, 张连第, 等, 1996. 土壤理化分析与剖面描述[M]. 北京: 中国标准出版社.
刘勇, 冉大川, 吴永红, 1994. 黄河中游水保措施保存面积的核实初探[J]. 水土保持通报, 14(4): 39-42.
刘晓鹰, 1989. 川中乐至县的水土流失及其治理措施[J]. 资源科学, 11(3): 23-34.
刘祖香, 陈效民, 靖彦, 等, 2013. 基于地统计学的农田尺度旱地红壤养分空间变异性研究[J]. 土壤通报, 44(2): 392-397.
龙军, 张黎明, 沈金泉, 等, 2014. 复杂地貌类型区耕地土壤有机质空间插值方法研究[J]. 土壤学报, 51(6): 1270-1281.
楼文高, 2007. 基于 BP 网络的水土保持可持续发展评价模型[J]. 人民黄河, 29(8): 52-54.
卢玉东, 张树恒, 宋光煜, 等, 2007. 低山丘陵区土壤侵蚀生态工程治理模式及优化配置: 以四川省宣汉县拱桥河流域为例[J]. 地球科学与环境学报, 29(3): 304-307.
卢宗凡, 张文军, 苏敏, 等, 1988. 几种水土保持指标的分析与评价[J]. 水土保持学报, 2(4): 60-65.
鲁子瑜, 邹厚远, 马志仁, 1991. 摘牛沟小流域林草配置模式试验研究[J]. 水土保持通报, 11(2): 51-54.
马勇, 王宏, 赵俊侠, 等, 2002. 渭河流域水土保持措施保存率及质量状况调查[J]. 人民黄河, 24(8): 21-22.
倪绍祥, 黄杏元, 胡友元, 1992. 地理信息系统在土地适宜性评价中的应用[J]. 科学通报, 37(15): 1403-1404.
聂锐华, 代华龙, 雷孝章, 等, 2003. 川中小流域综合治理与开发研究[J]. 水土保持学报, 17(2): 103-106.
钮心毅, 2008. 一种结合 GIS 的双重目标多准则决策方法及其应用[J]. 地理与地理信息科学, 24(2): 91-95.
邱乐丰, 杨超, 林芬芳, 等, 2010. 基于环境辅助变量的拔山茶园土壤肥力空间预测[J]. 应用生态学报, 21(12): 3099-3104.
全海, 2009. 水土保持生态建设综合效益评价指标体系及核算方法初探[J]. 北京林业大学学报, 31(3): 64-70.
全国土壤普查办公室, 1998. 中国土壤[M]. 北京: 中国农业出版社.
冉大川, 左仲国, 上官周平, 2006. 黄河中游多沙粗沙区淤地坝拦减粗泥沙分析[J]. 水利学报, 37(4): 443-450.
饶恩明, 肖燚, 欧阳志云, 等, 2013. 海南岛生态系统土壤保持功能空间特征及影响因素[J]. 生态学报, 33(3): 746-755.
邵祎婷, 何毅, 穆兴民, 等, 2019. 秦巴山区降雨侵蚀力时空变化特征[J]. 长江流域资源与环境, 28(2): 416-425.
沈慧, 姜凤岐, 杜晓军, 2000a. 水土保持林土壤改良效益评价研究[J]. 生态学报, 20(5): 753-758.
沈慧, 姜凤岐, 杜晓军, 等, 2000b. 水土保持林土壤抗蚀性能评价研究[J]. 应用生态学报, 11(3): 345-348.
史文娇, 刘纪远, 杜正平, 等, 2011. 基于地学信息的土壤属性高精度曲面建模[J]. 地理学报, 66(11): 1574-1581.
史文娇, 岳天祥, 石晓丽, 等, 2012. 土壤连续属性空间插值方法及其精度的研究进展[J]. 自然资源学报, 27(1): 163-175.
史晓梅, 史东梅, 文卓立, 2007. 紫色土丘陵区不同土地利用类型土壤抗蚀性特征研究[J]. 水土保持学报, 21(4): 63-66.
中华人民共和国水利部, 2012. 全国坡耕地水土流失综合治理规划[R]. 北京: 中华人民共和国水利部.
中华人民共和国水利部, 中华人民共和国统计局, 2013. 第一次全国水利普查公报[R]. 北京: 中国水利出版社.

孙昕, 李德成, 梁音, 2009. 南方红壤区小流域水土保持综合效益定量评价方法探讨: 以江西兴国县为例[J]. 土壤学报, 46(3): 373-380.
孙丽丽, 查轩, 黄少燕, 等, 2018. 不同降雨强度对紫色土坡面侵蚀过程的影响[J]. 水土保持学报, 32(5): 18-23.
孙文义, 邵全琴, 刘纪远, 2014. 黄土高原不同生态系统水土保持服务功能评价[J]. 自然资源学报, 29(3): 365-376.
唐克丽, 1999. 中国土壤侵蚀与水土保持学的特点及展望[J]. 水土保持研究, 6(2): 2-7.
唐克丽, 史立人, 史德明, 等, 2004. 中国水土保持[M]. 北京: 科学出版社.
唐时嘉, 徐建忠, 张建辉, 等, 1996. 紫色土系统分类研究[J]. 山地研究, 14(S1): 14-19.
田志会, 王有年, 2011. 北京山区果园生态系统土壤保持功能及其生态经济价值估算: 以北京市平谷区果园为例[J]. 林业科学, 47(12): 165-171.
王兵, 吴斌, 李建牢, 1994. 小流域水土保持生态经济效益综合评价模型的研究[J]. 水土保持学报, 8(3): 59-63.
王刚, 李小曼, 李锐, 2006. 黄土高原水土保持社会效益评价: 以定西地区为例[J]. 经济地理, 26(4): 673-676.
王海雯, 2008. 紫色土丘陵区横坡耕作措施在不同坡度上的水土保持性研究[J]. 安徽农业科学, 36(32): 14264-14266.
王宏兴, 王晓, 杨秀英, 等, 2003. 多目标决策灰色关联投影法在小流域水土保持生态工程综合效益评价中的应用[J]. 水土保持研究, 10(4): 43-45.
王建国, 杨林章, 单艳红, 2001. 模糊数学在土壤质量评价中的应用研究[J]. 土壤学报, 38(2): 176-183.
王礼先, 孙保平, 余新晓, 2004. 中国水利百科全书: 水土保持分册[M]. 北京: 中国水利水电出版社.
王礼先, 朱金兆, 2005. 水土保持学[M]. 中国林业出版社.
王祥峰, 蒙继华, 2015. 土壤养分遥感监测研究现状及展望[J]. 遥感技术与应用, 30(6): 1033-1041.
王学强, 蔡强国, 和继军, 2007. 红壤丘陵区水保措施在不同坡度坡耕地上优化配置的探讨[J]. 资源科学, 29(6): 68-74.
王迎超, 孙红月, 尚岳全, 等, 2010. 基于特尔菲–理想点法的隧道围岩分类研究[J]. 岩土工程学报, 32(4): 651-656.
王治国, 王建, 肖华仁, 等, 1997. 川中丘陵区小流域优化综合治理效益研究[J]. 水土保持研究, 4(1): 141-144.
韦杰, 贺秀斌, 汪涌, 等, 2007. 基于DPSIR概念框架的区域水土保持效益评价新思路[J]. 中国水土保持科学, 54(4): 66-69.
魏永霞, 宋族鑫, 严昌荣, 等, 2008. 基于熵权的模糊物元模型在坡耕地水土保持耕作技术模式评价中的应用[J]. 水土保持研究, 15(6): 194-196.
吴岚, 2007. 水土保持生态服务功能及其价值研究[D]. 北京: 北京林业大学.
吴岚, 秦富仓, 余新晓, 等, 2007. 水土保持林草措施生态服务功能价值化研究[J]. 干旱区资源与环境, 21(9): 20-24.
吴高伟, 王瑄, 2008. 遗传算法在水土保持综合效益评价中的应用初探[J]. 水土保持研究, 15(3): 223-225.
向双, 邹金龙, 刘世全, 2001. 四川盆地丘陵坡地集雨蓄水工程效益分析: 以中江县富兴镇为例[J]. 四川农业大学学报, 19(3): 249-251.
谢云, 林燕, 张岩, 2003. 通用土壤流失方程的发展与应用[J]. 地理科学进展, 22(3): 179-187.
谢庭生, 罗蕾, 2005. 紫色土丘陵侵蚀沟建植物篱自然植被恢复及水土流失特征研究[J]. 水土保持研究, 12(5): 62-65.
徐建华, 2002. 现代地理学中的数学方法. 第二版[M]. 北京: 高等教育出版社.

徐新良, 庄大方, 贾绍凤, 等, 2004. GIS环境下基于DEM的中国流域自动提取方法[J]. 长江流域资源与环境, 13(4): 343-348.
闫峰陵, 雷少平, 罗小勇, 等, 2010. 丹江口库区水土保持的生态服务功能价值估算研究[J]. 长江流域资源与环境, 19(10): 1205-1210.
杨超, 苏正安, 熊东红, 等, 2018. 近景摄影测量技术在坡耕地土壤侵蚀速率研究中的应用[J]. 水土保持学报, 32(1): 121-127, 134.
杨学震, 聂碧娟, 2000. WOCAT项目简介及我国开展项目建设的建议[J]. 水土保持研究, 7(3): 181-183.
姚文艺, 茹玉英, 康玲玲, 2004. 水土保持措施不同配置体系的滞洪减沙效应[J]. 水土保持学报, 18(2): 28-31.
尹忠东, 苟江涛, 李永慈, 2009. 川中紫色土区农作型小流域水土保持措施设计策略及减蚀效益[J]. 农业系统科学与综合研究, 25(3): 369-374.
余新晓, 吴岚, 饶良懿, 等, 2007. 水土保持生态服务功能评价方法[J]. 中国水土保持科学, 5(2): 110-113.
余新晓, 吴岚, 饶良懿, 等, 2008. 水土保持生态服务功能价值估算[J]. 中国水土保持科学, 6(1): 83-86.
喻权刚, 1995. 黄河流域四大水土保持重点治理区治理措施保存率的分析评价. 水土保持通报[J], 15(1): 1-7.
袁希平, 雷廷武, 2004. 水土保持措施及其减水减沙效益分析[J]. 农业工程学报, 20(2): 296-300.
张彪, 李文华, 谢高地, 等, 2009. 北京市森林生态系统土壤保持能力的综合评价[J]. 水土保持研究, 16(1): 240-244.
张国平, 郭澎涛, 王正银, 等, 2013. 紫色土丘陵地区农田土壤养分空间分布预测[J]. 农业工程学报, 29(6): 113-120, 294.
张洪江, 程金花, 2014. 土壤侵蚀原理. 第3版[M]. 北京: 科学出版社.
张家其, 龚箭, 吴宜进, 2014. 基于日降雨数据的湖北省降雨侵蚀力初步分析[J]. 长江流域资源与环境, 23(2): 274-280.
张建华, 赵燮京, 林超文, 等, 2001. 川中丘陵坡耕地水土保持与农业生产的发展[J]. 水土保持学报, 15(1): 81-84.
张平仓, 程冬兵, 2017. 南方坡耕地水土流失过程与调控研究[J]. 长江科学院院报, 34(3): 35-39, 49.
张素梅, 王宗明, 张柏, 等, 2010. 利用地形和遥感数据预测土壤养分空间分布[J]. 农业工程学报, 26(5): 188-194.
张文军, 卢宗凡, 齐艳红, 1993. 草粮间轮作水土保持效益的决策评价[J]. 草业科学, 10(2): 28-30.
张信宝, 何毓成, 张宁, 1990. 植物篱生物工程措施: 川中丘陵区坡耕地水土保持新途径[J]. 地球科学进展, 5(4): 50-53.
张信宝, 贺秀斌, 2010. 长江上游坡耕地整治成效分析[J]. 人民长江, 41(13): 21-23.
张兴昌, 高照良, 彭珂珊, 2008. 中国特色的水土保持成就和治理措施[J]. 自然杂志, 30(1): 17-22, 38.
赵有恩, 1996. 黄河中游水土保持措施保存率分析及措施状况评述: 以黄河河龙区间南片为例[J]. 干旱区资源与环境, 10(2): 46-52.
郑海峰, 陈利顶, 于洪波, 2007. 黄土丘陵沟壑区乔灌草植物空间优化配置: 以甘肃省定西地区为例[J]. 地理研究, 26(1): 101-109.
中国科学院南京土壤研究所, 1978. 土壤理化分析[M]. 上海: 上海科学技术出版社.
周彬, 余新晓, 陈丽华, 等, 2010. 基于InVEST模型的北京山区土壤侵蚀模拟[J]. 水土保持研究, 17(6): 9-13, 19.
周江红, 2007. 三岔河小流域水土保持基础效益评价研究[J]. 水土保持通报, 27(3): 63-64.
朱青, 王兆骞, 尹迪信, 2008. 贵州坡耕地水土保持措施效益研究[J]. 自然资源学报, 23(2): 219-229.
朱吉祥, 张礼中, 周小元, 等, 2012. 反距离加权法在区域滑坡危险性评价中的应用[J]. 水土保持通报,

32(3): 136-140.

朱金兆, 魏天兴, 张学培, 2002. 基于水分平衡的黄土区小流域防护林体系高效空间配置[J]. 北京林业大学学报, 24(5): 5-13.

朱祖祥, 俞震豫, 姚贤良, 等, 1996. 中国农业百科全书. 土壤卷[M]. 北京: 中国农业出版社.

ADESINA A A, CHIANU J, 2002. Determinants of farmers' adoption and adaptation of alley farming technology in Nigeria[J]. Agroforestry systems, 55(2): 99-112.

ADESINA A A, MBILA D, NKAMLEU G B, et al., 2000. Econometric analysis of the determinants of adoption of alley farming by farmers in the forest zone of southwest Cameroon[J]. Agriculture ecosystems & environment, 80(3): 255-265.

ALSAMAMRA H, RUIZ-ARIAS J A, POZO-VAZQUEZ D, et al., 2009. A comparative study of ordinary and residual kriging techniques for mapping global solar radiation over southern Spain[J]. Agricultural and forest meteorology, 149(8): 1343-1357.

ALSHUWAIKHAT H M, NASSEF K, 1996. A GIS-based spatial decision support system for suitability assessment and land use allocation[J]. Arabian journal for science and engineering, 21(4A): 525-543.

AMSALU A, DE GRAAFF J, 2007. Determinants of adoption and continued use of stone terraces for soil and water conservation in an Ethiopian highland watershed[J]. Ecological economics, 61(2-3): 294-302.

BALLABIO C, 2009. Spatial prediction of soil properties in temperate mountain regions using support vector regression[J]. Geoderma, 151(3-4): 338-350.

BANAI R, 1993. Fuzziness in geographical information systems: contributions from the analytic hierarchy process[J]. International journal of geographical information science, 7(4): 315-329.

BARRETT M E, MALINA J F, CHARBENEAU R J, 1998. An evaluation of geotextiles for temporary sediment control[J]. Water environment research, 70(3): 283-290.

BATTY M, XIE Y, SUN Z, 1999. Modeling urban dynamics through GIS-based cellular automata[J]. Computers, environment and urban systems, 23(3): 205-233.

BEWKET W, 2007. Soil and water conservation intervention with conventional technologies in northwestern highlands of Ethiopia: Acceptance and adoption by farmers[J]. Land use policy, 24(2): 404-416.

BLANCO-CANQUI H, GANTZER C J, ANDERSON S H, et al., 2004. Grass barrier and vegetative filter strip effectiveness in reducing runoff, sediment, nitrogen, and phosphorus loss[J]. Soil science society of America journal, 68(5): 1670-1678.

BLANCO-CANQUI H, LAL R, 2007. Soil and crop response to harvesting corn residues for biofuel production[J]. Geoderma, 141(3-4): 355-362.

BLANCO-CANQUI H, LAL R, 2010. Principles of soil conservation and management[M]. Berlin: Springer.

BROOKES C, 1997. A parameterized region-growing programme for site allocation on raster suitability maps[J]. International journal of geographical information science, 11(4): 375-396.

CAI C F, DING S W, SHI Z H, et al., 2000. Study of applying USLE and geographical information system IDRISI to predict soil erosion in small watershed[J]. Journal of soil and water conservation, 14(2): 19-24.

CARVER S J, 1991a. Integrating multi-criteria evaluation with geographical information systems[J]. International journal of geographical information science, 5(3): 321-339.

CARVER S J, 1991b. Integrating multi-criteria evaluation with geographical information systems[J]. International journal of geographical information systems, 5(3): 321-339.

COLLINS M G, STEINER F R, RUSHMAN M J, 2001. Land-use suitability analysis in the United States: Historical development and promising technological achievements[J]. Environmental management, 28(5): 611-621.

CROMLEY R, HANINK D, 1999. Coupling land use allocation models with raster GIS[J]. Journal of geographical systems, 1(2): 137-153.

D'EMDEN F H, LLEWELLYN R S, BURTON M P, 2006. Adoption of conservation tillage in Australian cropping regions: An application of duration analysis[J]. Technological forecasting and social change, 73(6): 630-647.

DE GRAAFF J, AMSALU A, BODNAR F, et al., 2008. Factors influencing adoption and continued use of long-term soil and water conservation measures in five developing countries[J]. Applied geography, 28(4): 271-280.

DE GRAAFF J, KESSLER A, OLSEN P, 2010. Farm-level adoption of soil and water conservation measures and policy implications in Europe[J]. Land use policy, 27(1): 1-3.

DESMET P J J, GOVERS G, 1996. A GIS procedure for automatically calculating the USLE LS factor on topographically complex landscape units[J]. Journal of soil and water conservation, 51(5): 427-433.

EASTMAN J R, JIN W G, KYEM P A K, et al., 1995. Raster procedures for multicriteria/multiobjective decisions[J]. Photogrammetric engineering and remote sensing, 61(5): 539-547.

ERVIN C A, ERVIN D E, 1982. Factors affecting the use of soil conservation practices: Hypotheses, evidence, and policy implications[J]. Land economics, 58(3): 277-292

FRANKE R, 1982. Smooth interpolation of scattered data by local thin plate splines[J]. Computers & mathematics with applications, 8(4): 273-281.

GARRITY D P, 2004. Agroforestry and the achievement of the millennium development goals[J]. Agroforestry systems, 61(1): 5-17.

GEBREMICHAEL D, NYSSEN J, POESEN J, et al., 2005. Effectiveness of stone bunds in controlling soil erosion on cropland in the Tigray Highlands, northern Ethiopia[J]. Soil use and management, 21(3): 287-297.

GIMBLETT R, BALL G, GUISSE A, 1994. Autonomous rule generation and assessment for complex spatial modeling[J]. Landscape and urban planning, 30(1-2): 13-26.

GRANDE J D, KARTHIKEYAN K G, MILLER P S, et al., 2005. Residue level and manure application timing effects on runoff and sediment losses[J]. Journal of environmental quality, 34(4): 1337-1346.

HALL G, WANG F, SUBARYONO J, 1992. Comparison of Boolean and fuzzy classification methods in land suitability analysis by using geographical information systems[J]. Environment and planning A, 24(4): 497-516.

HE J, LI H W, WANG X Y, et al. 2007. The adoption of annual subsoiling as conservation tillage in dryland maize and wheat cultivation in northern China[J]. Soil & tillage research, 94(2): 493-502.

HE X F, CAO H H, LI F M, 2008. Factors influencing the adoption of pasture crop rotation in the semiarid area of China's Loess Plateau[J]. Journal of sustainable agriculture, 32(1): 161-180.

HENGL T, HEUVELINK G B M, STEIN A, 2004. A generic framework for spatial prediction of soil variables based on regression-kriging[J]. Geoderma, 120(1): 75-93.

HORST W J, HARDTER R, 1994. Rotation of maize with cowpea improves yield and nutrient use of maize compared to maize monocropping in an alfisol in the northern Guinea Savanna of Ghana[J]. Plant and soil, 160(2): 171-183.

IIJIMA M, IZUMI Y, YULIADI E, et al., 2004. Cassava-based intercropping systems on Sumatra Island in Indonesia: Productivity, soil erosion, and rooting zone[J]. Plant production science, 7(3): 347-355.

JACKS G V, 1948. Soil conservation[J]. Nature, 162(4105): 13-14.

KRZANOWSKI R, RAPER J, 2001. Spatial evolutionary modeling[M]. Oxford: Oxford University Press.

LAL R, 1985. A soil suitability guide for different tillage systems in the tropics[J]. Soil & tillage research, 5(2): 179-196.

LAL R, 1997. Residue management, conservation tillage and soil restoration for mitigating greenhouse effect by CO2-enrichment[J]. Soil & tillage research, 43(1-2): 81-107.

LAL R, 2006. Soil and environmental implications of using crop residues as biofuel feedstock[J]. International sugar journal, 108(1287): 161-167.

LAPAR M L A, EHUI S, 2003. Adoption of dual-purpose forages: some policy implications[J]. Tropical grasslands, 37(4): 284-291.

LAPAR M L A, EHUI S K, 2004. Factors affecting adoption of dual-purpose forages in the Philippine uplands[J]. Agricultural systems, 81(2): 95-114.

LAWRY S, STIENBARGER D, JABBAR M A, 1994. Land-tenure and the potential for the adoption of alley farming in west-Africa[J]. Outlook on agriculture, 23(3): 183-187.

LEAKEY R R B, SCHRECKENBERG K, TCHOUNDJEU Z, 2003. The participatory domestication of West African indigenous fruits[J]. International forestry review, 5(4): 338-347.

LEH M D K, MATLOCK M D, CUMMINGS E C, et al., 2013. Quantifying and mapping multiple ecosystem services change in West Africa[J]. Agriculture ecosystems & environment, 165: 6-18.

LIGTENBERG A, BREGT A K, VAN LAMMEREN R, 2001. Multi-actor-based land use modelling: spatial planning using agents[J]. Landscape and urban planning, 56(1-2): 21-33.

LINIGER H P, CAHILL D, CRITCHLEY W, et al., 2002a. Categorization of SWC technologies and approaches- a global need ? [C]. ISCO Conference 2002 Beijing, China: 6-12.

LINIGER H P, SCHWILCH G, 2002b. Enhanced decision-making based on local knowledge-The WOCAT method of sustainable soil and water management [J]. Mountain research and development, 22(1): 14-18.

LIU A G, MA B L, BOMKE A A, 2005. Effects of cover crops on soil aggregate stability, total organic carbon, and polysaccharides[J]. Soil science society of America journal, 69(6): 2041-2048.

LIU G C, LI L, WU L S, et al., 2009. Determination of soil loss tolerance of an entisol in Southwest China[J]. Soil science society of America journal, 73(2): 412-417.

LIU G C, LINDSTROM M J, ZHANG X W, et al., 2001. Conservation management effects on soil erosion reduction in the Sichuan Basin, China[J]. Journal of soil and water conservation, 56(2): 144-147.

LIU Y S, WANG J Y, GUO L Y, 2006. GIS-based assessment of land suitability for optimal allocation in the Qinling Mountains, China[J]. Pedosphere, 16(5): 579-586.

LOCKIE S, MEAD A, VANCLAY F, et al., 1995. Factors encouraging the adoption of more sustainable crop rotations in south-east Australia-profit, sustainability, risk and stability[J]. Journal of sustainable agriculture, 6(1): 61-79.

MADER P, FLIESSBACH A, DUBOIS D, et al., 2002. Soil fertility and biodiversity in organic farming[J]. Science, 296(5573): 1694-1697.

MALCZEWSKI J, 2006. GIS-based multicriteria decision analysis: a survey of the literature[J]. International journal of geographical information science, 20(7): 703-726.

MCCOOL D K, BROWN L C, FOSTER G R, et al., 1987. Revised slope steepness factor for the Universal Soil Loss Equation[J]. Transactions of the ASAE, 30(5): 1387-1396.

MCNAIRN H E, MITCHELL B, 1992. Locus of control and farmer orientation-effects on conservation adoption[J]. Journal of agricultural & environmental ethics, 5(1): 87-101.

MORGAN R P C, 2005. Soil erosion and conservation (3rd edition) [M]. Oxford: Blackwell.

NELSON E, MENDOZA G, REGETZ J, et al., 2009. Modeling multiple ecosystem services, biodiversity conservation, commodity production, and tradeoffs at landscape scales[J]. Frontiers in ecology and the environment, 7(1): 4-11.

OKOYE C U, 1998. Comparative analysis of factors in the adoption of traditional and recommended soil erosion control practices in Nigeria[J]. Soil & tillage research, 45(3-4): 251-263.

PANDEY S, 1999. Adoption of soil conservation practices in developing countries: Policy and institutional factors[C]. 2nd International Conference on Land Degradation (ICLD), Khon Kaen, Thailand: 66-73.

PATTANAYAK S K, MERCER D E, SILLS E, et al., 2003. Taking stock of agroforestry adoption studies[J]. Agroforestry systems, 57(3): 173-186.

PAUDEL G S, THAPA G B, 2004. Impact of social, institutional and ecological factors on land management practices in mountain watersheds of Nepal[J]. Applied geography, 24(1): 35-55.

PEIGNE J, BALL B C, ROGER-ESTRADE J, et al., 2007. Is conservation tillage suitable for organic farming? A review[J]. Soil use and management, 23(2): 129-144.

PETERSON J R, FLANAGAN D C, TISHMACK J K, 2002. Polyacrylamide and gypsiferous material effects on runoff and erosion under simulated rainfall[J]. Transactions of the ASAE, 45(4): 1011-1019.

POLASKY S, NELSON E, PENNINGTON D, et al., 2011. The impact of land-use change on ecosystem services, biodiversity and returns to landowners: A case study in the state of minnesota[J]. Environmental & resource economics, 48(2): 219-242.

POUDEL D D, MIDMORE D J, WEST L T, 1999. Erosion and productivity of vegetable systems on sloping volcanic ash-derived Philippine soils[J]. Soil science society of America journal, 63(5): 1366-1376.

PRASANNAKUMAR V, VIJITH H, GEETHA N, et al., 2011. Regional scale erosion assessment of a sub-tropical highland segment in the Western Ghats of Kerala, South India[J]. Water resources management, 25(14): 3715-3727.

RENARD K G, FOSTER G R, WEESIES G A, et al., 1991. RUSLE-revised universal soil loss equation[J]. Journal of soil and water conservation, 46(1): 30-33.

ROGERS E M, 1995. The diffusion of innovations, fourth ed. [M]. NewYork: The Free Press.

SAINJU U M, SINGH B P, WHITEHEAD W F, 2002. Long-term effects of tillage, cover crops, and nitrogen fertilization on organic carbon and nitrogen concentrations in sandy loam soils in Georgia, USA[J]. Soil & tillage research, 63(3-4): 167-179.

SANTÉ-RIVEIRA I, CRECENTE-MASEDA R, MIRANDA-BARRÓS D, 2008. GIS-based planning support system for rural land-use allocation[J]. Computers and electronics in agriculture, 63(2): 257-273.

SCHWILCH G, BACHMANN F, LINIGER H P, 2009. Appraising and selecting conservation measures to mitigate desertification and land degradation based on stakeholder participation and global best practices[J]. Land degradation & development, 20(3): 308-326.

SHUKLA M K, LAL R, OWENS L B, et al., 2003. Land use and management impacts on structure and infiltration characteristics of soils in the North Appalachian region of Ohio[J]. Soil science, 168(3): 167-177.

SOULE M J, TEGENE A, WIEBE K D, 2000. Land tenure and the adoption of conservation practices[J]. American journal of agricultural economics, 82(4): 993-1005.

STARK M, 1996. Adoption and adaption of contour hedgerow farming in the Philippine uplands: Results of an early case study[J]. Tropenlandwirt, 97: 3-16.

STEWART T, JANSSEN R, VAN HERWIJNEN M, 2004. A genetic algorithm approach to multiobjective land use planning[J]. Computers and operations research, 31(14): 2293-2314.

SUI D, 1993. Integrating neural networks with GIS for spatial decision making[J]. Operational geographer, 11(2): 13-20.

SVORAY T, BAR P, BANNET T, 2005. Urban land-use allocation in a Mediterranean ecotone: Habitat Heterogeneity Model incorporated in a GIS using a multi-criteria mechanism[J]. Landscape and urban planning, 72(4): 337-351.

TATIN J. 2005, Assessment of the WOCAT Methodology in Indonesia[D]. Silsoe: Cranfield University.

TENGE A J, DE GRAAFF J, HELLA J P, 2005. Financial efficiency of major soil and water conservation measures in West Usambara highlands, Tanzania[J]. Applied geography, 25(4): 348-366.

WALLACE A, WALLACE G A, 1986. Effects of soil conditioners on emergence and growth of tomato, cotton, and lettuce seedlings[J]. Soil science, 141(5): 313-316.

WAUTERS E, BIELDERS C, POESEN J, et al., 2010. Adoption of soil conservation practices in Belgium: An examination of the theory of planned behaviour in the agri-environmental domain[J]. Land use policy, 27(1): 86-94.

WIERSUM K F, 1994. Farmer adoption of contour hedgerow intercropping, a case-study from east Indonesia[J]. Agroforestry systems, 27(2): 163-182.

WILLIAMS J R, RENARD K G, DYKE P T, 1983. EPIC: A new method for assessing erosion's effect on soil productivity[J]. Journal of soil and water conservation, 38(5): 381-383.

WISCHMEIER W H, SMITH D D, 1978. Predicting rainfall erosion losses: a guide to conservation planning[M]// U.S. Department of Agriculture. Agriculture Handbook No. 537.

WU C F, WU J P, LUO Y M, et al., 2009. Spatial prediction of soil organic matter content using cokriging with remotely sensed data[J]. Soil science society of America journal, 73(4): 1202-1208.

ZHANG J H, QUINE T A, NI S J, et al., 2006. Stocks and dynamics of SOC in relation to soil redistribution by water and tillage erosion[J]. Global change biology, 12(10): 1834-1841.

ZIADAT F M, 2005. Analyzing digital terrain attributes to predict soil attributes for a relatively large Area[J]. Soil science society of America journal, 69(5): 1590-1599.